台湾设计师不传的**私房秘技**

亲子儿童房设计500

麦浩斯《漂亮家居》编辑部　编

海峡出版发行集团 | 福建科学技术出版社
THE STRAITS PUBLISHING & DISTRIBUTING GROUP | FUJIAN SCIENCE & TECHNOLOGY PUBLISHING HOUSE

给孩子快乐成长、引导学习的空间

孩子是父母的宝，也是家庭中的重要成员，家中属于他们的“儿童房”要如何设计，才能让孩子充分休息、启发学习，才能让父母在生活空间中寓教于乐、增进亲子感情，甚至陪着孩子健康成长！

从刚出生的婴儿期，到天真无邪的童年期，再到需要隐私的青春期，孩子各个阶段对空间有不同的需求，本书搜录了500张儿童房空间设计的图片，详细地告诉读者每一个设计的手法、素材以及特色等，成功设计出最适合各年龄层孩子的生活空间，让儿童房不只是儿童房，还是爸妈与孩子共享的游乐场，也是方便孩子学习才艺与做功课的多功能空间，更是让孩子好好休息的纾压角落。

目录CONTENTS

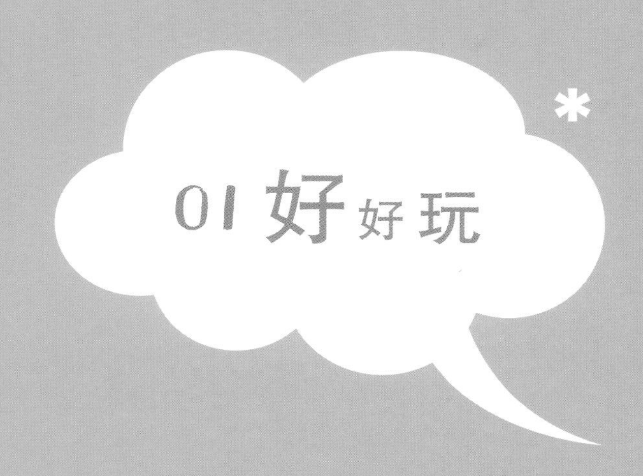

方便孩子在游戏中学习的亲子儿童房设计

以游戏为主题的亲子儿童房设计，让孩子可以尽情地玩玩具并与父母互动。

001–084

*001

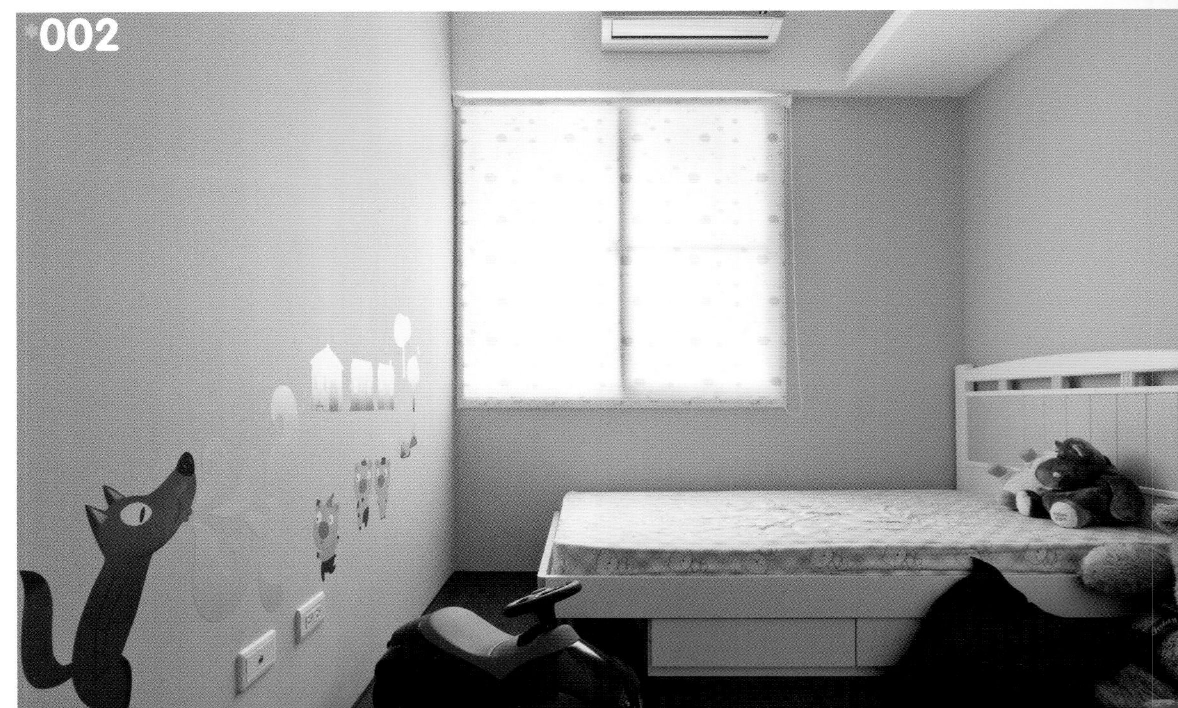
*002

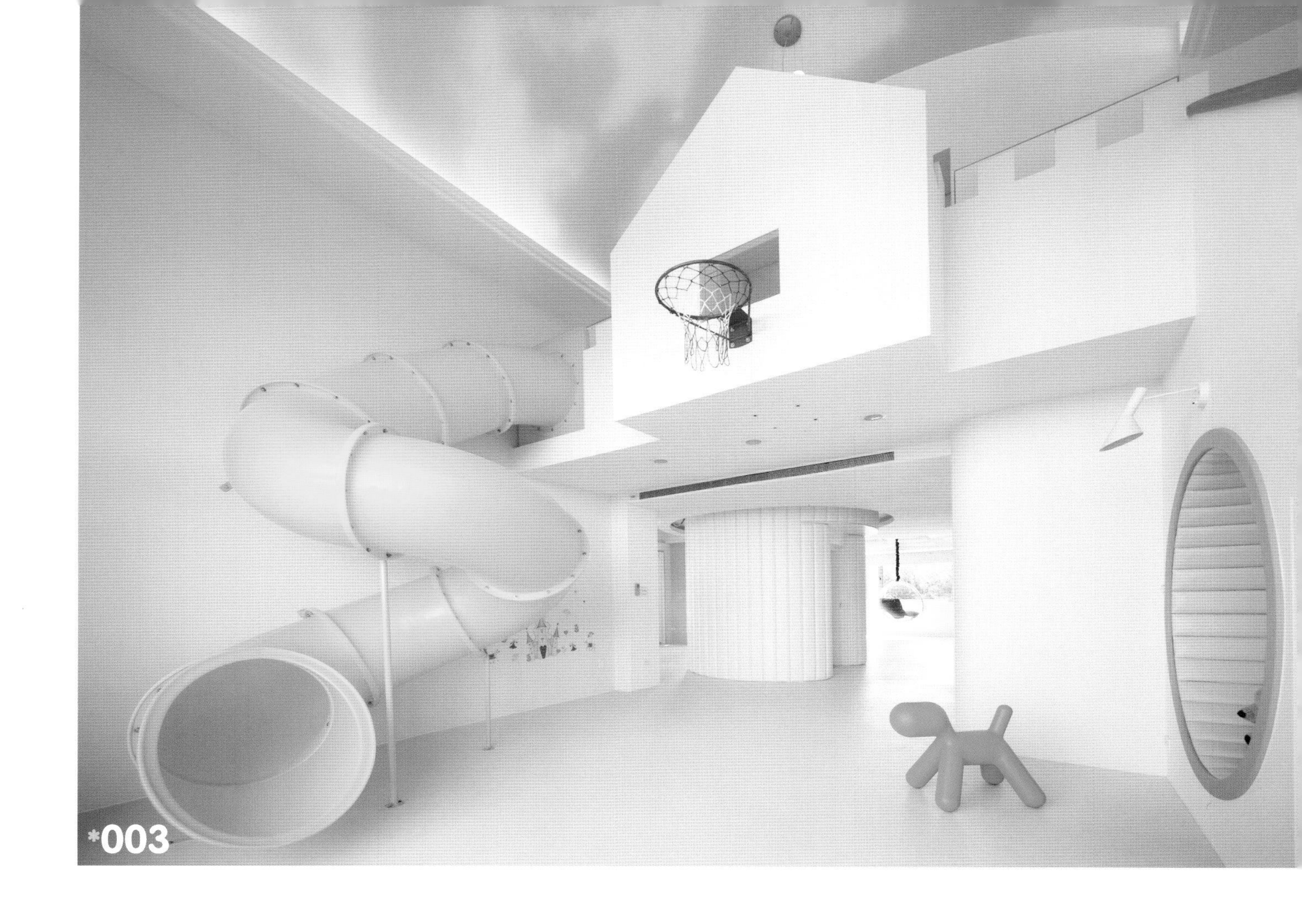

001 * **圆形休息椅兼收纳。**以白色为主调的大型游戏空间，没有太多的摆饰，方便小朋友玩游戏。设计师利用木条做了一个圆形的金黄色软包休息椅，直接固定在墙上，具有较好的支撑力。平时还可以当作玩具收纳箱，有需要时小朋友就可以窝在里面。图片提供 © 幸福生活研究院

002 * **可爱壁贴增添童趣。**选用明亮的黄色为儿童房营造温馨氛围，再用可爱壁贴制造童趣，温润沉稳的木地板适合孩子在地上爬行、游玩。简约的空间里摆放的是活动式家具，这些都属于轻装修，待小朋友长大后，可以随时改变、更换，甚至可以设计、布置自己的喜欢的空间。图片提供 © 明楼室内设计装修

003 * **螺旋滑滑梯好好玩。**度假别墅的楼中楼，刚好整层作为小朋友的游戏空间，上下层以小朋友最喜爱的螺旋滑滑梯连接，上层还做成城堡样式，天花板上还绘有云朵图案。同时利用墙面装设篮球框，近 100m² 的空间随便小朋友怎么玩。图片提供 © 幸福生活研究院

*004

004＊ **活动式家具变换容易**。设计时，婴儿才 4 ~ 6 个月大，因此空间以活动式家具为主体，希望可以随着小孩的成长做变换。由于从婴儿学攀爬到学走路，都是长时间在地上活动，所以采用超耐磨木地板，既不会有瓷砖冰冷的触感，也不易损坏。图片提供 © 明楼室内设计装修

005 + 006＊ **设计多功能的游乐区**。色彩鲜艳的儿童房，除了设计睡眠区，还在一侧规划了一间多功能区域，小孩可以在这边玩耍、游戏，父母也能够在这里陪伴小孩，完整又宽广的空间也让大人小孩能够一起睡，或是陪小孩念书，让小孩能快乐自由地成长、学习。图片提供 © 摩登雅舍室内装修

*005

*006

007

007 * **实木地板呵护幼儿。**10m²大的幼儿房采光相当良好，屋主不惜成本将全室铺上实木地板，主要是考虑到孩子的安全、健康和舒适度；母子床让爸爸妈妈可以陪着小朋友一起睡觉，而下方的三层抽屉也具有收纳功能。所有家具都是可移动的，方便孩子长大后更换。图片提供 © 非关设计

008 * **颜色混搭活泼空间。**小男孩房不以具体的形象来塑形，而是使用不同层次的蓝色以及黄色和栓木皮山纹染色做混搭处理，以颜色搭配营造出多层次的空间活泼感，地板以温润的巴厘岛赤松超耐磨木地板铺设，适合幼儿期孩子的活动，打造一个从小婴儿至大男孩都可以活动的空间。图片提供 © 明楼室内设计装修

009 * **拉门设计省空间。**儿童房的睡觉空间在游戏空间的更里面，中间采用拉门区隔，一来为了安全，二来也节省空间；游戏结束后就可以到里面休息，更为安静。等孩子再长大一些，拉门便可以拆掉，如果有第二个孩子，则可隔成两个空间。图片提供 © 艺念集私设计

*010

*011

*012

010 + 011 * **游戏室瞬间变成两间儿童房**。两间儿童房在敲除隔墙后，设计成可合并或分隔的弹性游戏空间，当所有的活动拉门都收起来时，两间房间变成一个很大的游戏空间，小朋友可以在此互动玩耍，大人也可完全掌控小孩的情况；当需要休息时，将活动拉门关上，就变成两间独立的儿童房了。空间设计暨图片提供 © 筑青室内装修有限公司

012 * **安全又丰富的儿童专属空间**。小朋友专属的游戏室里，不但拥有专门收纳小孩衣物的收纳柜，另一侧还是小孩专属的开放式书柜，可摆放陈列小朋友的玩具及书籍，木地板上再铺设软垫，充分满足小朋友的安全需求，加上软质的儿童香蕉造型凳，小朋友在这里玩耍时父母可以很放心！图片提供 © 摩登雅舍室内装修

013 * **顶楼挑高分层活用**。屋主把独栋别墅顶楼整层空间给可爱的女儿，因为挑高 4.6m，面积约为 66m²，相当宽敞。设计师说服屋主在室内做了部分夹层当作更衣室，下方则作为小客厅使用，并在夹层设置美丽的螺旋梯。图片提供 © 艺念集私设计

*013

014＊ **可以尽情挥洒想象的大片涂鸦墙。**为学龄前儿童打造的游戏空间，以烤漆玻璃为墙面，给小朋友一个可以尽情涂鸦的好地方，温润的木质地板，即使赤脚玩耍也不觉冰冷；色彩收纳箱，让小朋友养成好的收纳习惯。图片提供 © 珥本空间设计

015＊ **满足小朋友天马行空的想象力。**房间采用活动式家具，方便空间格局随着小朋友的成长而调整；简单的设计留给父母和小朋友参与创作的空间，可爱的消防车床铺和壁贴呈现小男孩的天真奇想。图片提供 © 耀昀创意设计

the road
RESCUE
119
FIRE DEPT

*016

*017

*018

016＊**大廊道蜕变成游戏区。**原本是三间小孩房、两间卫浴，外面是 33m² 大廊道。既然主要是小孩活动的空间就干脆设计成小孩专区，而且把二间卫浴改成一间，再把所有的门及柜子做成圆弧形，配合天花板的椭圆形 LED（发光二极管）灯会有不同的灯光变化，安全又有趣。图片提供 © 艺念集私设计

017 + 018＊**城堡外墙筑起自家的滑滑梯乐园。**空间一隅，利用城堡造型外墙与蘑菇灯饰，共筑起一个游戏区，其中更设置了滑滑梯，让小朋友在家也能享受滑滑梯的乐趣。为顾及安全，特别在地板、墙边加了软垫，预防小孩玩乐时碰撞受伤。图片提供 © 漫舞空间设计

019＊**彩色“腰带”助学习，木地板顾及安全。**由于孩子还小，此房间除了作为睡眠空间，还兼作小朋友游戏空间，因此色彩以蓝色为基调，并在墙壁下方加了彩色“腰带”，有助于丰富孩子的视觉感与色彩知识，同时地面也特别铺设了木地板，触感不冰冷也提升安全性。图片提供 © 漫舞空间设计

*019

020 * **米老鼠造型天花板营造出空间童趣。**儿童房的米老鼠造型天花板，搭配圆形孔洞造型的衣柜，营造出充满童趣的氛围。就连水蓝色壁纸搭配水蓝色烤漆玻璃造型衣柜，也增加空间的活泼度。图片提供 © 典藏生活室内装修设计

021 * **活动式家具让游戏环境不显拥挤。**以游戏为主的儿童房，为了赋予小孩宽阔的游戏空间，在家具安排上以活动式家具、柜体为主，可做弹性的变化调整，使用起来也不显拥挤。另外置物柜也搭配了活动式抽屉，可让小朋友学习物品的分类与收纳。图片提供 © 漫舞空间设计

022 * **兼具游戏室及客房功能的灵活空间。**兼具客房及游戏室功能的空间，除了玩具收纳设计还要有可以涂鸦的烤漆玻璃墙面；具穿透感的推门设计，特别安装卷帘，当有客人住宿时拉上卷帘，还能保有隐私。图片提供 © 陶玺空间设计

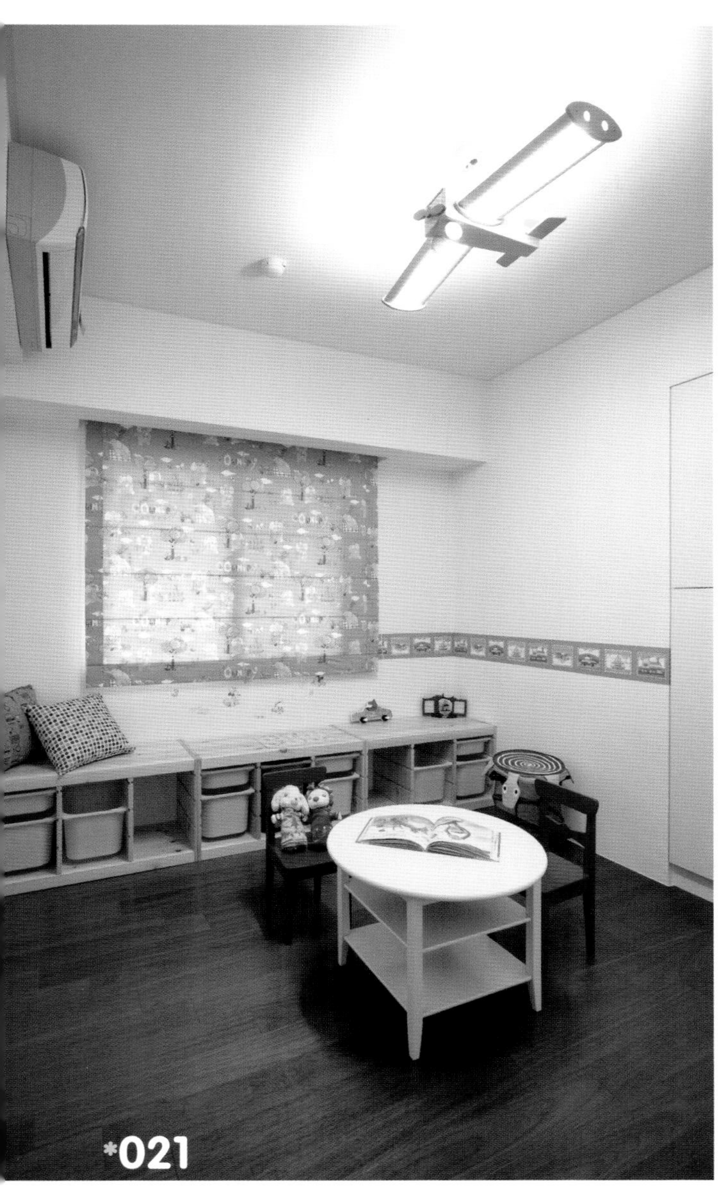

*021

*022

*023

*024

023＊ **利用高低层次，打造兼具收纳、游戏功能的有趣空间。**儿童房的床具有收纳功能，床下可用来收纳不常用的被子或衣物，左侧阶梯拉抽可分类收纳玩具，打造具有游戏功能的有趣空间，搭配国旗、壁贴、星星灯，使整个空间充满活力。空间设计 © 森林散步 摄影 © 方宏齐

024＊ **有帐篷也有床的小世界。**美式教育的家庭，从小就训练小孩独立自主的能力，将阅读写功课等亲子互动行为拉到公共空间，儿童房便以睡眠、游戏为主。摆放可以促进小孩学习的帐篷与活动黑板，并通过鲜明的色彩让小孩的心情能够稳定且开阔。图片提供 © 齐舍设计事务所

025＊ **每天都是风和日丽的玩乐天。**以具有稳定情绪的淡蓝色作为主色调，搭配主墙选用的卡通图案壁纸，呈现男孩房爽朗、活泼的一面，天花板以蓝天白云为设计概念，并搭配间接照明，利用柔和的光线，营造出简约中又不过于冰冷的温暖氛围。图片提供 © 权释国际设计

026 **两人的梦想儿童房**。两个男孩共用的房间，以蓝色彩绘墙面营造活泼气息，帐篷式床铺、飞机灯饰都是男孩的梦想物件。考虑到小主人的年纪尚小，以后可能需要各自独立的使用空间，因此事先预留管线、柜位、床位与房门，日后只要加一道墙就可改变成各自独立的两个房间。图片提供 © 居逸室内设计

027 **将衣柜结合玩具收纳柜**。考虑到空间会随孩子成长添设家具，因此仅有衣柜部分采用固定式设计，其余则利用家具搭配，营造出充满乐趣的儿童游戏房。衣柜使用简单的秋香木与橡木地板、绿色墙面相呼应，并且局部采用开放式柜格，方便孩子拿取、收放玩具。图片提供 © 大雄设计

028 **完全童话的缤纷世界**。运用丰富的色彩搭配门片上或圆形或心形的可爱图案，立刻就吸引住小朋友的目光，帮助他们同时认识色彩和形状。转角的柱体以弧形包覆，顺势设计出三个方形的展示置物格，兼具实用性与美感。全室采用温润舒适的木地板，无论是游戏、阅读或睡眠都非常适合。图片提供 © 明代设计

029 **无比温暖又可尽情游戏的小天地**。一般父母均期待能将睡眠、游戏、写功课与收纳功能全都整合到儿童房，渐进式的功能扩充会是最佳方法。学龄前的配置以活动式家具为佳，其余的空地则留给游戏区，利用地毯轻松圈围出地上的嬉戏范围，不只营造温暖气息也方便清洗。图片提供 © 齐舍设计事务所

*027

*028

*029

*030

030 * **五彩缤纷的游戏世界。**考虑到儿童房的安全性，也希望孩子触手可及的皆是温暖材质，因此特别以绷布环绕墙面，并以紫色搭配浅色壁纸，营造出屋主要求的柔和感。为了避免畸零空间，地板架高顺势成为睡眠区域，睡眠区靠墙设置，同时也确保有足够的空间，让小朋友可以尽情玩耍。图片提供 © 权释国际设计

031 * **天花板色块让空间更活泼。**由于空间本身有梁体通过，设计师运用高低层次的天花板设计，通过圆角、粉红色块等方式，达到修饰空间，且营造出游戏间活泼愉悦的气氛，局部并通过壁贴，为空间增添天真童趣的图案。图片提供 © 墨比雅设计

*031

*032

North Sea
Baltic Sea
North European Plain
Ural Mountains
Siberian Plateau
Bay of Biscay
Iberian Peninsula
Spanish Plateau
Rhine
Alps
Carpathians
Danube
Volga
Ob
Lena
Kolyma Range
Black Sea
Caspian Sea
Anatolia
Ozero Baikal Lake
Gobi Desert
Atlas
Maerdeitranen Sea
Sahara
Desert
Plateau of Tibet
Great Himalayas
Huang He
NORTH PACIFIC OCEAN
Arabian Peninsula
Ganga
Ethiopian Highlands
Arabian Sea
Deccan Plateau
Bay of Bengal
Indo-China Peninsula
Nile
Congo Basin
Congo
Great Rift Valley
Lake Victoria
INDIAN
Mid India Basin
OCEAN
Great Sandy Desert
Nullarbor Plain
Great Barrier Reef
Kalahari Desert
Namib Desert
Drakensberg
South Australian Basin
SOUTH ATLANTIC OCEAN
Cape of Good Hope
SOUTHERN OCEAN

*033

032 * **柜体设计依年龄层区分上下层。**以双面柜取代一般的隔墙，深度60cm与40cm的收纳柜，功能各异，前者可收纳衣物，后者可收纳书籍。由于小朋友尚年幼，因此收纳柜下方则以对开式门片处理，收拾杂物类的物品。以移动式的塑料盒作为收纳，可腾出更多的游戏空间。选用小桌取代一般书桌，培养孩子阅读的兴趣。图片提供 © 德力设计

033 * **世界是我家。**有没有想过孩子的生命其实可以跟世界一样宽阔？将世界地图采用大图输出方式作为男孩房的主墙，安排在床尾并搭配周围的空地，充满戏剧张力的同时也多了思考的空间，用潜移默化的手法，让孩子学习地理、认识世界与生活紧密相连。图片提供 © 齐舍设计事务所

034 * **与音符共舞的天空之城。**蓝天白云的天花板配合彩虹壁贴，儿童房摇身一变，犹如童话中的天空之城。窗上的音符壁贴，则是父母亲希望喜爱音乐的女儿，一眼望去即是充满音符的景色。运用架高床架解决收纳问题，设计大小不一的组合书架可摆放小饰品，也为空间增添许多趣味。图片提供 © 权释国际设计

035 * **我最好的儿时回忆。**将墙面漆上如天空般的天蓝色油漆，并保留大面积采用复合玻璃，彻底隔热却能透过大量自然光的游戏房，是设计师帮小朋友打造的趣味游戏房，不规则的空间构造，更堆叠出无限的想象力，小孩能自由自在地在里面搭帐篷、堆积木。图片提供 © 凯奕设计

036 * **通畅无阻的游戏空间。**因为空间小，此 L 形空间即成为孩子的多功能使用区，除了特地将门口做成开放形式，让视线和进出动线皆更为通畅，还特别设计了多功能书桌，展开即成为阅读书桌，收起即立刻变成毫无阻碍的游戏天地。图片提供 © 达圆空间设计

037 * **减少障碍物的游戏房兼睡房**。如果没有专属游戏房，在睡房中以卧榻形式，直接将床垫置于实木地板上，可增加活动空间。如此形式相当适合需要双亲陪伴入睡的年龄层小孩。儿童房配色则交由孩子自行挑选他们自己喜欢的色系，借以取得更多认同感。图片提供 © 德力设计

*037

038 * **既可分又可合的弹性设计。**这是一对尚在读小学的双胞胎姐妹的睡房。这对感情好又充满战斗力的姐妹，设计师以对称方式设计空间，并利用两个床头柜中间的收纳柜与四个可供姐妹分类使用的抽屉加以区隔，而床头柜则以上掀式门片打造被褥的收纳空间。如有需要，两床可合并成一大床使用。图片提供 © 德力设计

039 * **学龄前儿童的游戏空间。**作为学龄前儿童的游戏空间，特别铺上温润厚实的实木地板，不会让孩子感到冰冷不适。为红色衣柜设计烤漆玻璃门面，适合儿童自由涂鸦，并于墙面上嵌入木片柜，展示孩子的小玩意。图片提供 © 达圆空间设计

038

*039

040 * **以光线雕琢童趣情境。**设计师利用局部喷砂与绘有树林状图案的强化玻璃作为隔断，辅以百叶窗调节室内光线，营造出充满童趣的氛围。此举不仅让儿童房倍添趣味，同时又让光线进入以提高室内亮度，书桌也因此显得更轻盈。图片提供 © 德力设计

041 + 042 * **结合游戏与隔断功能的设计**。将小孩房隐藏在电视墙的后方，运用红、黄、蓝等色做跳色，并在其中隐藏拉门开孔，让小朋友可以从房间将头探出，带来另一种游戏效果；上下铺的床铺设计，则充分发挥小面积的空间效率，并结合楼梯增设收纳空间。图片提供 © KC Design Studio

043 * **忽隐忽现的童趣**。男孩房以天空蓝与斑马纹木皮作为空间主色调，床头与衣橱设计沿用女孩房的烤漆玻璃，颜色则改用浅蓝色，带出男孩房的活泼气息，局部设计喷砂小鲸鱼，不但有小鲸鱼陪伴，也可在上面涂鸦，满足小朋友自由涂鸦的乐趣。图片提供 © 沈白空间规划事务所

*041 *042

*043

044 * **以少量家具释放活动空间。**梁下空间以钢刷梧桐木皮衣柜修饰，搭配橘色底的开放式柜体增加活泼感。考虑到幼儿家饰色彩丰富，周边墙面以白色铺陈，并将其中两片墙涂刷具磁性的白板漆增加涂鸦乐趣。少量家具的安排，则可预留出最大的空间让孩子嬉戏活动。图片提供 © 翎格设计

045 * **兼具游戏、阅读及客房的多功能室。**现在家庭孩子少，并不需要太多房间，设计师将一间长形房间区隔为两区，一区作为孩子专属的阅读、游戏室，另一区则摆上床作为客房使用，两区中间以对开式拉门作为隔断，让空间的功能更为多元。图片提供 © EASY DECO 艺珂设计

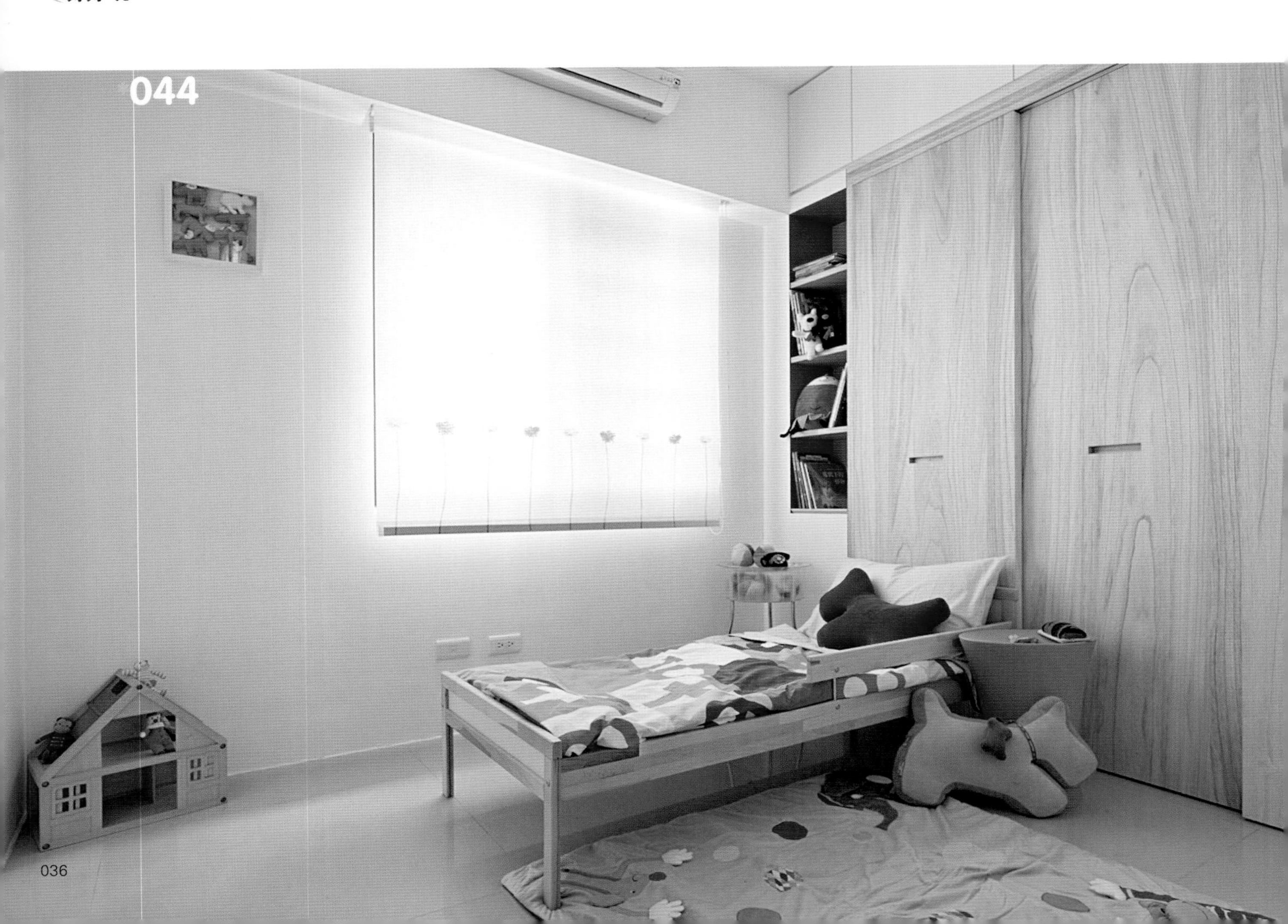
044

046 * **打造迷你的家。**独立一个楼层的儿童房，在设计上以“孩子自己的家”为概念，将整体空间划分为睡眠区、游戏区、阅读区等，游戏区采光好，除了游戏桌之外，加入迷你厨房家具，让孩子可以在这里体验角色扮演的乐趣。图片提供 © 玉马门设计

047 * **青青草原的缤纷欢乐屋。**让家中宛如缤纷灿烂的童话世界，并选以最接近大自然的绿色作为主色调，将如幼儿园般的欢乐气息搬至家中，希望孩子常保持愉悦好心情。图片提供 © 毅颖空间设计

*045

*046

*047

048 * **造型木作让空间表情更活泼。**儿童游戏室与客厅间约有 80cm 段差，借由拉高沙发靠背做屏障，能减少区域间的相互干扰，又能让父母了解孩子的活动情况。此区天花板较低，用白色木作来丰富空间表情和降低压迫感。柿红色软凳既是孩子们最佳玩具，也可呼应电视墙颜色。图片提供 © Ai 建筑及室内设计

049 * **创造无分界的游戏场所。**降低高度的桌椅和家具，辅以地毯铺陈，让小朋友能随时坐卧在地上。墙面以充满童趣的壁贴装饰，为空间增添活泼的气息。墙面更开了一扇小窗，让小朋友可随时游走于两个空间，创造无分界的游戏场所。利用墙面与家饰色调的统一，呈现一致的空间感。摄影 © Amily 空间设计 © IKEA

050 * **一家人共处的大型游戏室。**将空间作为预备女孩房，预设未来书桌、床组等摆放位置，再设计电路管线，墙面则利用粉红色衬托女孩房的浪漫气质；一家人共同拼贴的巧拼地垫，配合墙面色彩特地降低其色彩彩度，但仍利用丰富的色彩，帮助小朋友认识颜色。图片提供 © 大卫麦可设计

051 * **以玩偶展示为主题的空间。**由于收藏许多叮当猫的物品，整体则以粉色系为主色调，利用夹层区隔睡眠区与游戏区。上方以开放式的层架将小孩心爱的玩偶全部展示出来，不仅可作为装饰，也方便小孩拿取。同时顾虑到小朋友的安全，家具的转角都特意磨圆，避免在游戏或行走时撞伤。图片提供 © 绝享设计

*049

*050

*051

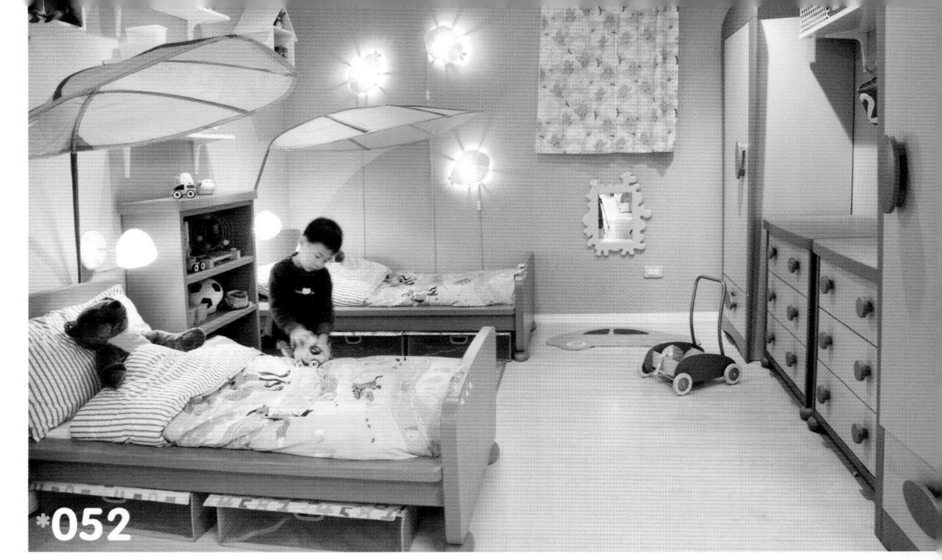

052 * **大自然般的游戏环境**。以天空蓝作为空间主色调，选用同色系床组、衣柜，加上绿色丛林风格的寝具、叶子形状的绿色床顶篷，搭配各式动物玩偶，让卧房不只是卧房，更是两个学龄前小男孩想象力无限奔驰的游戏间。蓝色在色彩学上有稳定情绪的作用，适合正临好动期的小男孩。摄影 © Amily　空间设计 © IKEA

053 * **铺上地毯，让孩子更安全**。设计一层小孩和大人皆可用的阅读休憩室。将墙面的层板刻意降低，作为小孩的玩具和图书的收纳区。架高的地面以波龙地毯铺陈，保证小孩在此玩耍时的安全，同时宽广的地面也能让照看孩子的父母有休息的场所。图片提供 © 馥阁设计

054＊ **通铺设计拉近亲子距离。**为了增加亲子互动，拉高儿童房高度，下方空间则作为父母的书房区，轻透的玻璃隔断，让父母可以很好了解小孩的情况。通铺的设计，能让大人、小孩一起玩耍，夜晚则用作睡眠的休憩场所。图片提供 © 澄璞空间设计

055＊ **多功能的和室设计。**架高的和室除了能作为两个小孩睡眠与玩耍的空间外，强大的收纳功能与书桌设计也提供屋主临时工作的区域。开放式的空间设计，让妈妈随时能注意到小朋友的举动。和室地板下的隐藏升降桌具有收纳功能，此处同时也可作为临时客房使用。图片提供 © 漫舞空间设计

056

056 * **充满趣味的娱乐空间**。由三房改为两房的空间中，相对加大小孩房，扩增了游戏区域。由于两个小孩年纪还小，无须太多的个人空间，特意选择具有睡眠和游戏功能的床铺，上下皆可使用的睡眠空间，让小朋友能自由选择，一旁的滑滑梯让空间更具趣味。图片提供 © 馥阁设计

057 * **角落游戏区让小孩房更具功能性**。在小孩房的色系调配上，可选择较活泼的色系，通过小空间的颜色变换，可破除过于单调的空间，以色彩让空间更丰富，同时在角落设计游戏及阅读区并铺上木地板，让小孩房兼顾睡眠及游戏功能。图片提供 © 成舍设计

058 * **开阔的游戏场所**。以套房式的设计概念，整合睡眠区与阅读区，增加小孩的生活功能，开阔的游戏场所，让小孩能任意游走。柜体大部分采用开放式设计，可方便小孩收纳，墙面并贴上卡通人物造型壁贴，为空间增加童趣。图片提供 © 河马家居室内设计

*057

*058

tree
140
120
100
80
60
monkey
*059

060

*061

059 * **彩色抽屉让游戏区更有趣。**如果孩子还小，不需要急着设计儿童房，可以先作为游戏室使用，并建议玩具柜可用活动式的彩色抽屉，除了突显童趣，也可让柜子成为能增添居家风格的实用家具。图片提供 © 漫舞空间设计

060 * **利用挑高夹层作为游戏天堂。**多数父母在设计儿童房时，大多只考虑到睡眠及读书，通常是一张床旁摆放一张书桌，其实小孩还有另一个需求就是游戏，若空间挑高够可设计夹层，为孩子争取到游戏空间，小孩一定会非常开心。图片提供 © EASY DECO 艺珂设计

061 * **结合游戏空间的小孩房。**在儿童房旁边为小孩留一处游戏空间，将小孩房区隔成卧房与游戏空间，同时又以不怕磨、不怕刮的超耐磨仿木纹地砖加上大块地毯，增加空间的温暖感。图片提供 © 禾筑设计

062 * **书柜下几何图形的爬行洞。**书柜下的爬行洞是为孩子量身打造的游戏天地，搭配超耐磨地板，再顽皮的孩子都可以在这里爬行、打滚或是穿梭，尽情玩耍。空间设计 © 元爵空间设计　摄影 © 蔡锡渊

*062

063 * **训练孩子自己睡的游戏室。**在国外，孩子一出生就有自己的房间；但在国内，一般父母都要等到孩子上小学了，才会让孩子自己睡。在孩子还小时，不建议对儿童房做太多装潢，可先作为游戏房使用，但可以摆张床，慢慢训练孩子自己睡。图片提供 © 尚展设计

064 * **开放式游戏空间让爸妈看得见。**小孩需要大量的活动空间，让他们能够尽情完整地发展四肢，并通过游戏与感官来促进学习，小孩的游戏空间最好是开放式的，让大人可以随时注意到他们的活动，利用收纳篮，让他们学习整理玩具，也能让空间看起来不会乱糟糟的。图片提供 © 禾筑设计

065 * **畸零角落布置游戏区。**在窗台边布置了一个私人小天地，运用自然材质的收纳架、书桌与布，让小朋友可以在这里发挥自己的想象力，如跟兄弟姐妹玩过家家，并利用小篮子让自己从游戏中学会分类收纳。摄影 © SAM 场地提供 © 蔡芝如

066 * **像城堡一样有高有低的家。**空间会以高低差分出不同的区块，让小孩坐在不同区域时，能看见不同的画面，产生不同的感受，并且在中间的连接处设计了"秘密通道"让小孩子穿梭，他们也会找到自己喜欢窝的角落，整个家都是他们的游戏空间。摄影 © Yvone 场地提供 © Ivy's House

*065

066

*067

067 * **游戏区也可以有经典风格的设计。**小孩的空间中，一样可选择低调经典的几何图形壁纸，挂上 6 幅奈良美智的大眼娃娃作品，并摆放了丹麦雕刻家 Povl Kjer 的经典木雕创作——摇摇羊（Rocking Sheep），让小朋友边游戏边培养设计感与美感。图片提供 © 王俊宏室内装修设计

068 * **局部夹层打造孩子个人领域。**在挑高3.4m的女孩房中，利用局部夹层做一阅读区，让空间保持宽敞的高度，却又拥有个人的小小天地，也满足小朋友爬高纵低的兴趣；天花板散落的激光切割花形灯光，加强阅读区亮度，更满足使用需求。图片提供 © 大卫麦可设计

069 * **小朋友的彩绘童话世界。**游戏房里，以粉蓝与鹅黄两色搭配各种活泼造型壁贴，满足小朋友的想象。为了安全起见，以海岛型木地板加上地垫方便小朋友玩耍，天花板的花朵造型与门片上的图案相互呼应。图片提供 © 毅颖空间设计

070 * **是玩具也是隔断。**运用包括积木、转盘、沙漏等游戏设备，作为屏风或是半开放式的隔断，具备多重功能，让小孩可以去拨弄、玩耍、探索，需要大空间时，又可以将屏风移开，留给小孩足够活动空间。摄影 © SAM 场地提供 © 童年空间

071 * **睡在自己的游乐天地里。**父母亲常烦恼该让小孩子在哪里玩？其实只要一个小空间，甚至在书房里，铺上地图软垫，加上一些柔软的抱枕与玩偶，就可让小朋友尽情地在她的小天地里玩耍。图片提供 © 养乐多＿木艮

072 * **小朋友的专属游戏空间。**专属于小孩子的空间，可以进行亲子间的各种活动，一起阅读、画画、说故事……喜欢跳舞的小朋友还可以在大镜子前练习舞蹈，大空间也能作为家庭聚会与小孩表演的最佳舞台。图片提供 © 墨比雅设计

*068

*069

*070

*071

072

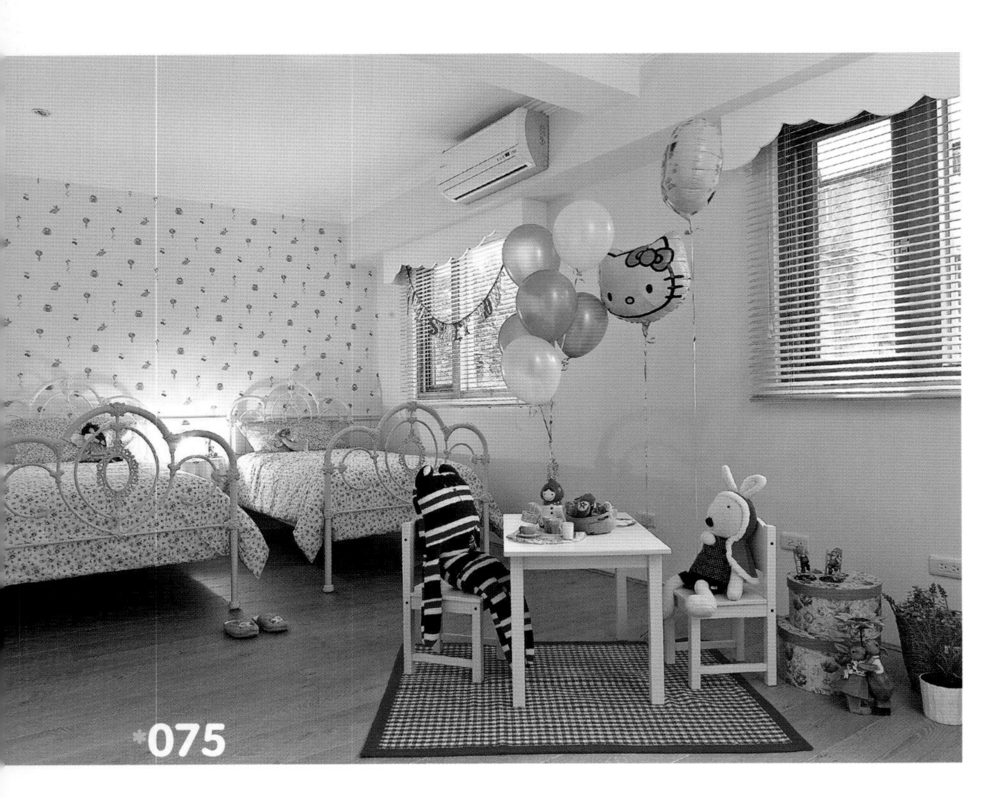

073 * **可涂鸦可游戏的画板。**很多学龄前的儿童都与父母同睡，所以儿童房多当作游戏室使用，既然是当作游戏室使用就不要做太多固定装潢，可以放些较低的儿童家具及铺上具有童趣的软垫，并在壁面装设一块木框软木塞画板，让开始喜欢涂鸦的学龄前儿童尽情玩耍。摄影 © 周祯和

074 * **软木塞地板让小孩更安全。**为小孩设计一间游戏室，设计师以穿透式隔断让父母亲可以随时了解小孩的状况，而开放式书架作为小朋友收纳玩具的地方，以后长大了，可改为书籍收纳区。另外，地板运用了软木塞地板，安全又环保，让父母亲不用担心小朋友的安全问题。图片提供 © 尚展设计

075 * **合并两房做一房，游戏区更加宽敞。**因为两姐妹尚年幼，将两个房间合并成一间房，且不做过多固定木作，让两人能有更宽敞的游戏空间；预先留下两个门和插座、空调等的安装位置，方便小朋友未来想拥有个人私密空间时，可直接利用衣柜分隔房间，也增加收纳空间。图片提供 © 郭璇如室内设计工作室

076 * **在窗边增设一个休闲卧榻。**在小孩房的窗边，架高设计一卧榻区，提供一家人闲聊或好友来访时使用；利用上方的天井给予卧房良好的采光，并加入屋主一心期待的电动升降和室桌，其下凹空间让双脚可以自然放下，使用起来更加舒适。图片提供 © 郭璇如室内设计工作室

*076

*077

*078

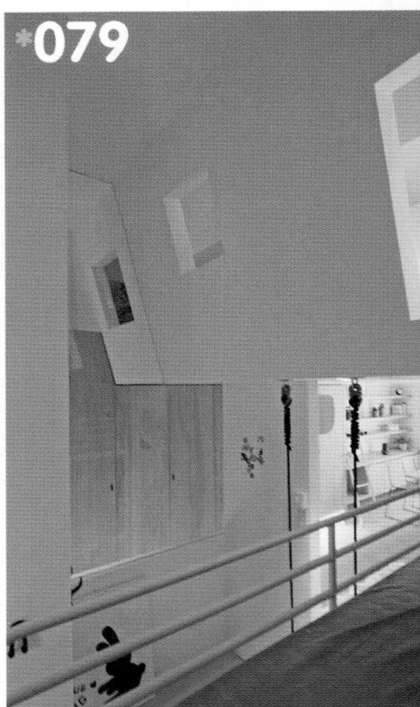
*079

077 * **星空天花板创造儿童房无限想象。**利用机器人图案壁贴搭配车子花纹窗帘，鲜明地展现小男孩的个性和喜好；局部夹层设计，划分出小朋友的专属空间，并在云朵造型天花板表面，特别涂上荧光涂料，让它在夜晚就能化身成璀璨星空，为孩子创造无限的想象空间。图片提供 © 大卫麦可设计

078 * **创意动线让儿童房更具趣味。**利用空间的挑高高度，特别请木工用木心板做结构支撑，增加一个室内秋千，并在房间前后都设有入口，让秋千不影响到生活动线的流畅性；在夹层休闲区和上铺间，特别设计 1 个大方格，让小朋友可以自由地从洞口爬进房内，创造趣味动线。图片提供 © KC Design Studio

079 * **兼顾照护与游戏的夹层隔间。**在夹层区和儿童房的壁面设计两小一大的开孔，保持空气流通和采光良好，也方便父母在小朋友睡觉时，仍可随时看到小朋友的状态；并在每个开孔设有门片，让空间可以依照使用需求开放或关起，适度减少两个空间彼此的干扰。侧墙玻璃也具同样效果。图片提供 © KC Design Studio

080 * **让小朋友自由创作及生活。**儿童房主墙挂上妈妈与小孩的放大相片，凝聚家人的情感，床的下方及两侧角落空间上下都设计了童书及玩具的收纳抽屉、开放式收纳书架，方便小朋友拿取玩具。特别留了一面侧墙，让小朋友可以自由涂鸦绘画，窗边角落的玩具收纳篮想玩就玩，也可以帮助小孩养成良好的收纳习惯。空间设计暨图片提供 © TG-STUDIO

081 * **双层门的安全游戏间。**为小孩准备的游戏空间，有明亮的绿色墙面、多彩的童趣吊灯，还安排小床让小孩玩累了可以休息，最特别的是门片的设计，有上下两种开法，把上侧门片打开，可让父亲随时注意到小孩子的活动。图片提供 © 艺念集私设计

*082

082 * **小孩卫浴营造梦幻情境。**儿童房的卫浴，运用大量的藕紫色，有种不真实、如梦境般的效果，特别装设的卫浴灯呈现不规则的椭圆造型，就像童话世界的月亮般，让小朋友可以一边洗澡一边玩耍。空间设计 © Carola Vannini Architecture 摄影 © Stefano Pedretti

083 + 084 * **有着专属游戏室及睡眠区的梦幻公主房。**现在的家庭孩子少，若空间够大，可以用二进式的概念来设计儿童房，先进书房再进卧房，或是先进游戏室再进卧房，在孩子还小时，建议设计游戏室，并用拉门与墙做连接，卧房的设计，除了床以外，收纳可是很重要的，壁面里隐藏着更衣室，设计师运用壁灯、吊灯及色彩，满足了小女孩想要住公主房的愿望。图片提供 © 尚展设计

083

084

方便孩子学习才艺的亲子儿童房设计

钢琴、小提琴、涂鸦，展现孩子才艺的儿童房设计，能更好地培养孩子对才艺的喜爱并提供表演的空间。

*085

085＊ **儿童专属的趣味吊椅**。这间琴房有一大片的窗户，看出去是一望无际的草坪，满眼的绿景最适合放松心情了！坐在从天花板吊挂而下的半圆形透明吊椅上，无论是看书还是听音乐都很适合。这是小朋友专属的休憩空间，由于另一侧是琴房，因此上方照明相当充足。图片提供 © 幸福生活研究院

086＊ **把学习搬进公共区域**。把游戏区设计在靠近阳台的客厅一角，充足的光线突显儿童专用画架，靠墙的书柜特别设计的较矮，方便小朋友随时拿书阅读，书柜边则是造型可爱的玩具收纳袋。游戏区位于开放式客厅里，爸妈无论在餐厅或厨房，都能随时注意到小孩的活动。图片提供 © 养乐多 _ 木艮

087 * **孜孜不倦的学习生活空间。**学习舞蹈必须勤加练习，因此女主人特别要求在挑高 4.2m 的儿童房内，创造一个宛如舞蹈教室的区域，提供女儿大片镜子以练习芭蕾舞。设计师利用 C 形钢拉出结构，创造一个上层是睡房下层是舞蹈室的空间。图片提供 © 德力设计

088 * **烤漆玻璃可作黑板。**小朋友爱涂鸦，加上教育孩子一定会用到黑板，怎么把黑板搬进小孩房呢？设计师利用烤漆玻璃，作为小孩房的衣橱门片，其也可当作黑板使用。图片提供 © 成舍设计

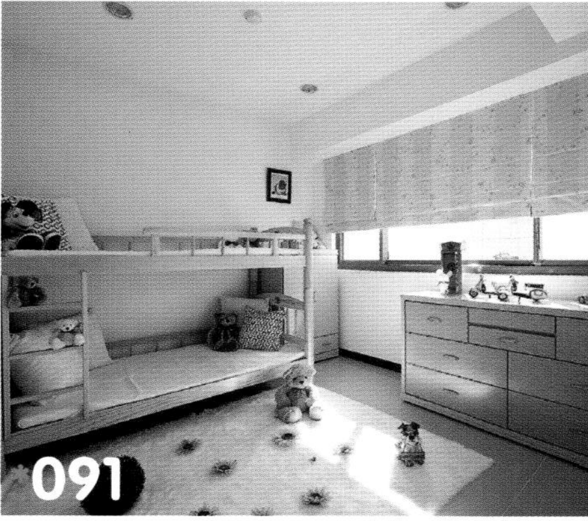

089 * **从小激发对音乐的兴趣。**由于这架钢琴是从祖母一代留下来的，现在也传给女儿，希望让女儿从小学习钢琴，平时便以游戏的方式带入，激发女儿的音乐兴趣。小孩不需选择较大的床铺，因此特意选择加了滑滑梯的床铺，让女儿在家里也能尽情玩耍。图片提供 © 馥阁设计

090 * **琴房与书房结合的弹性空间。**在面积不大的小家庭中，钢琴的摆放令人头疼！设计师特别将书房与琴房结合，利用系统家具结合滑轨与滚轮等五金设备，让书桌得以前后移动，在需要弹琴时，能腾出更宽敞的空间。图片提供 © 三商美福

091 * **不受拘束的开放式游戏表演空间。**为了让小朋友能够开心自在地成长及游戏，诺大的儿童房设计成开放式区域，让小朋友可以在此活动游戏，而这个空间也成为小朋友最佳的才艺表演舞台，让小孩不受拘束、快乐地学习。空间设计暨图片提供 © 摩登雅舍室内装修

*092

*093

*094

092 * **弧形窗台乐声飘扬。**爱好音乐的大男孩，其房间刚好有个弧形窗台，以柱子划分出音乐区与睡觉区。床头上方有讨厌的梁，于是在梁下方规划柜子，并在中间留个展示区可以放闹钟、摆饰等，柜子与床齐宽，旁边则规划书桌，像波浪似的壁纸连接了三种空间。图片提供 © 艺念集私设计

093 * **角落钢琴区陪孩子一起练琴。**现代的小孩只要家境允许都会学习乐器，所有乐器中，体积最大最难收纳的莫过于钢琴，而且练琴时多需要家长在旁陪伴，更需要较大的空间，可以利用客厅的角落摆放钢琴，除了方便父母陪伴，还可以当作家庭娱乐区。图片提供 © EASY DECO 艺珂设计

094 * **别忽略了琴房的隔音。**现在很多孩子学音乐，不管是钢琴或是小提琴，为兼顾邻居的居住环境，隔音也要做得好，设计师建议门片可用实木加隔音泡沫，另外，钢琴背面与墙壁中间多放一层吸音棉，地板则选择木地板。空间设计 © 其可设计　摄影 © 许时嘉

095 * **让琴艺融入生活之中。**在房间面积够大的情况下，将小朋友最常接触、练习的钢琴与其私人空间做结合，将才艺学习融入生活之中。鹅黄色的色调铺陈，给予房间温暖舒适的气氛，降低钢琴的沉重感，与活动家具放置在同一侧，让空间的视觉感达到平衡与协调。图片提供 © 齐舍设计事务所

096 * **廊道结合钢琴区最省空间。**走道其实也很适合摆放钢琴，只要调整一下隔断，在不影响动线的前提下，借由一个小屏风与客厅区隔，巧妙地独立出钢琴区的位置，上方以木材设计出书架及展示架，让小朋友在练琴时，能有较安静且稳定的环境。图片提供 © 陶臻设计

*095

*096

097＊ **黑板让隔门变有趣。**房间内有一个大黑板可以涂鸦写字，可以激发小朋友的创造力，增加空间的童趣。家中两位小朋友目前都需要父母陪伴，考虑到小朋友长大后的需求，利用黑板材质作为滑推式门片取代两间房的隔墙，保留空间的可变性，也增加了亲子间的互动。图片提供 © 齐舍设计事务所

098 * **家就是活动的绘画教室**。若家中空间有限，无法为孩子打造一个学习才艺的空间，可在家准备一个可活动式的画架，让家里的每一个风景都能成为孩子画画的灵感来源，甚至可以画妈妈做菜的样子、爸爸看书的坐姿等。图片提供 © 养乐多 _ 木艮

099 * **为小孩准备他的涂鸦角落**。小孩喜欢拿着笔东涂西涂，许多父母都担心家中的墙壁总是被孩子们画得脏兮兮的，不妨为孩子们准备一个专属的涂鸦板，有小椅子、画笔、画纸，并且鼓励他们在画纸上面画画，之后可以将这些作品收藏起来。图片提供 © 养乐多 _ 木艮

*100

100 * **拉门让书房兼具琴房的功能，使空间更具弹性。**钢琴结合书房，解决钢琴不能放在客厅与卧房的困扰。拉上门片，孩子在密闭式空间练琴与阅读均不受干扰，在书桌前方也设计烤漆玻璃，让家教可以在上头写字，小朋友也能记录自己一天的学习进度。空间设计 © 一番程翊设计 摄影 © Sam+Yvonne

101 + 102 * **书桌结合练琴区的设计。**设计师利用小孩房靠窗位置设计了书桌、放谱架及收纳乐器的空间，满足孩子学习的需求。除了是练琴的空间，同时还是家中的客房，只要拉下隐藏在墙壁的掀床，立刻又化身为临时客房。图片提供 © 观邑设计 摄影 © 林福明

*101

*102

让孩子专心阅读做功课的亲子儿童房设计

以促进阅读为目的的亲子儿童房设计，让孩子养成良好的阅读习惯

并提供可以舒适看书的空间。

103 * **靠窗打造阅读角落。**沿着两面墙做了 L 形的圆弧书桌，使阅读及工作空间扩大许多。绿色一直被沿用，跳过窗户到另一面墙，中间隔着一个小卧铺，还有外推的窗台，是个绝对适合端杯饮料坐在那里看书的好地方。靠墙的书柜刻意设计有一个斜度边，符合书籍摆放的角度。图片提供 © 成舍设计

*104

*105

104 * **错落框架易于分类**。屋主希望空间主要以书房为主，也能作为多功能空间，可以是游戏室，也能当客房。8.6m² 的空间里采用开放式书柜，小朋友可以随意抽取喜欢的书籍。以白色层板及木纹为主的错落框架，在设计上让空间感更为活泼，也易于小朋友进行书籍分类。图片提供 © 明楼室内设计装修

105 * **书柜嵌灯别具巧思**。空荡荡的阅读区里看起来什么都没有，其实书本都藏在白色柜门后。柜门之间还嵌着台灯用以照明，而柜与柜之间另有橘色的层板为整个白色空间带来活泼的色彩，再加上天花板上方的双排灯管，使阅读空间变得非常明亮。图片提供 © 幸福生活研究院

*106
牛津兒童百科全書
恐龍大發現
Science

106＊ **迷你书房五脏俱全**。无论空间再怎么小，父母总希望为孩子准备读书的地方，让他们可以专心学习。在挑高3.6m的房间里，利用床的下方隔出阅读区，旁边还有书柜，是个“麻雀虽小却五脏俱全”的书房，蓝白色调可以让孩子的心沉静下来。图片提供 © 艺念集私设计

107 + 108＊ **可弹性使用的多功能空间**。以多功能使用的概念来设计空间，让平时可作为小孩房的空间也可当作客房或书房使用，因此采用可收起的睡床，以满足不同的使用需求。图片提供 © 大进设计

109＊ **流线型桌角顾及安全性**。为顾及安全性，特别在床头选用泡沫绷皮，桌角设计弧形流线，避免小孩碰撞受伤。此案整体空间的色系，设计为黑、白色，木作以白色为主，比利时进口的超耐磨木地板趋近黑色，墙壁以蓝色来展示活泼感。图片提供 © 明楼室内设计装修

110 * **定制有大抽屉的长桌。**光线充足的靠窗位置是读书的最佳空间，定制的长桌拥有大大的抽屉，旁边连接着几乎顶到天花板的书柜。将上方的梁包起来，刚好装设空调，顺着柱子转进来的是练大提琴的空间，单人床在离窗稍远的位置。图片提供 © 成舍设计

111 * **书桌和衣柜整合设计。**女孩房只有将近10m²，利用衣柜深度，将书桌和柜子整合设计，桌子上方不做天花板，利用梁下空间做书柜，并通过间接照明，让位于角落的书桌也有充足的阅读光线。图片提供 © 只设计·部

112 * **整排灯箱照亮长桌。**靠窗是一长排的定制书桌，虽然只有 1 个小朋友，但因为从窗户看出去就是学校，这样的长桌就方便邀请同学一起到家里来写功课。上方梁的部分则做成整排的灯箱，不管白天或夜晚都不用担心光线不足。图片提供 © 幸福生活研究院

113* **一体成型的书桌方便家长伴读。**一体成型的书桌，右边是书桌，左边则是卧坐区，当小孩念书、写作业时，家长便能坐在一旁伴读。另外，卧坐区也设计收纳空间，内部提供充足的置物空间，可收纳小孩的玩具或其他物品。图片提供 © 芽米空间设计

114* **折叠式书桌增加空间的功能性。**儿童房空间不大，除了以亮绿色系带出宽阔感外，在经常会使用到的书桌部分，特别设计了折叠式书桌，写作业时轻轻拉开，桌面就能瞬间放大，不使用时轻轻收起，也不占空间，轻松为空间增加了使用功能。图片提供 © 舍子美学设计

114

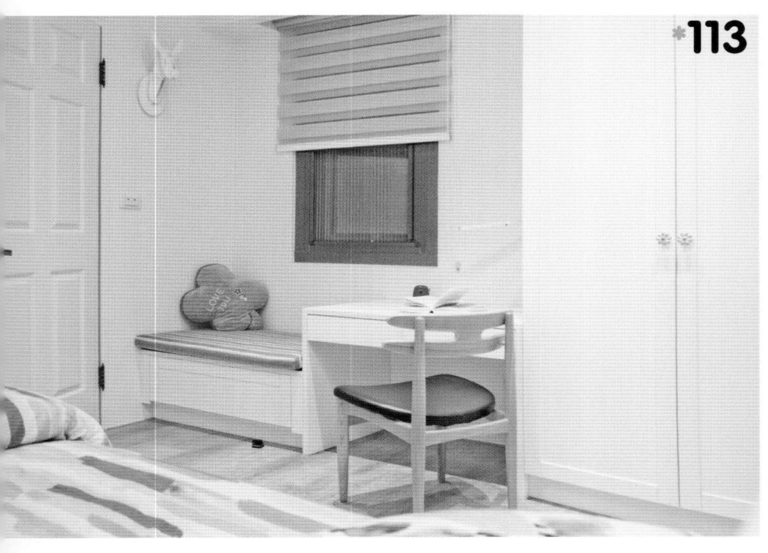
*113

115＊ **L形书桌创造共读空间。**若想要小孩爱读书，父母自己必须以身作则才行。这间书房更是全家的共读空间，定制的L形长条书桌可以供一家四口同时使用，也让家人有更多的互动机会；上方书柜采用黑玻璃打造，可以遮盖住柜内的物件。图片提供 © 艺念集私设计

116＊ **结合舒适书桌的优雅男孩房。**学龄小男生的卧房，宽敞的书桌不能少，书桌墙面的铁板以磨砂处理，呈现精致质感；床头墙面适当地以造型壁贴装饰，让空间更有趣。图片提供 © 顽渼空间设计

*117

117＊ **二进式设计让小孩阅读更专心。**二进式的设计多见于主卧，小孩房较少有这样的设计，本案中，设计师反而将小孩房设计成二进式的空间，先进书房再进小孩卧房，这样书房既可作为公共空间，又可当作小孩专属的阅读区。图片提供 © 装潢便利通

118＊ **适合两个孩子的“Π”形大书桌。**“Π”形的大书桌以延伸的置物台分隔成两个区块，让两个小孩有各自属于自己阅读、写作业的空间，书房旁边还摆上三人大沙发及茶几，在想轻松翻书的时候，可以有不同的座位选择，也可让大人与小孩一同看书写字。图片提供 © 艺念集私设计

*119

*120

119＊ **一举两得的书桌好位置**。受限于房间大小与格局，床的位置只能摆在正对门口处，为了避免床头暴露在人一进门的视野下，通过书桌的安排，巧妙地解决隐私问题，临窗设计也满足阅读所需的良好采光。桌面延伸至床头除了避开床头梁，亦增加使用空间。图片提供 © 禾筑设计

120＊ **一字形台面更方便使用**。由于小朋友年龄还小，对卧房需求还不高；简单设计好收纳位置后，设计师就直接沿窗设计一座长形台面，以替代书桌，也方便父母陪同小朋友一起阅读；其前方下凹区域，则让双脚可以自然垂放，即使长时间使用也不会难受。图片提供 © 大卫麦可设计

121＊ **临窗卧榻为书桌带入生活层次**。利用原屋结构设计衣柜与卧榻，发挥最大空间使用率，也增加亲子空间。将书桌临着卧榻区摆放，好让父母陪伴小孩做功课，两个孩子也能一起阅读。进门处的书柜已提供足够的收纳空间，书桌上方便以三个层次错落的柜体，为空间增添活泼感。图片提供 © 禾筑设计

122＊ **亲子共读的大书房**。因为男主人有陪 2 个小朋友一起读书的习惯，并希望卧房只要能简单休息使用就好，于是设计师额外增设一间完整书房，并利用一字形长桌替代书桌，让 3 人同时坐在书桌前阅读也不显拥挤，再利用镀锌钢板和黑板漆做简易留言板，更方便日常使用。图片提供 © 郭璇如室内设计工作室

*121

*122

123 * **书桌加上壁柜成就简易阅读区。**利用空间一隅以书桌加上壁柜，成就出简易阅读区，壁柜以不做满形式呈现，既不会有压迫感，还能运用柜体台面摆放展示品，让收纳功能再次提升。图片提供 © 舍子美学设计

123

124

*125

124＊ **书桌整合衣柜创造动线。**房间不大，使用木作最能完整构筑出孩子的私人天地，满足房内各项功能的需求。将衣柜、阅读桌整合为一体，释放出流畅的空间动线，桌子立面的黑板可随意涂鸦或粘贴，增添空间趣味。考虑到衣柜顶高并不适合拿取，于是在梁下内凹处设计开放柜用以展示。图片提供 © 齐舍设计事务所

125＊ **放大书桌区让阅读更舒适。**为了让孩子在写作业、阅读时更加舒适，设计书桌时特别放大了书桌，使用起来不显拥挤。另外，孩子也开始有自己喜爱的收藏，因此在书桌上方做了展示型收纳柜，方便展示、陈列他们的收藏品。图片提供 © 漫舞空间设计

126＊ **橡木台面串联阅读空间。**通过一道L形的橡木台面，连接房间的三个功能区，从床头靠垫的后方出发，为床头避开压梁问题；接着一路延揽观景窗的大面采光，让阅读区尽情享用天然光源；之后转入收纳柜形成台面或层板，提升柜体的功能性。图片提供 © 明代设计

127 * **L 形长台面结合书桌与梳妆台功能。**为了节省空间，以 L 形台面结合书桌与梳妆台两种功能，欠缺的收纳功能，就利用衣柜与书桌间的畸零空间，及开放式层架作补充。天花板以圆弧线条做变化，并在阅读区加设三盏嵌灯，确保阅读时有足够的光线。图片提供 © 馥宇空间设计

128 * **L 形设计移个身功能大不同。**由于小孩房兼具书房功能，因此在床边利用柜体再延伸出书桌台面，左边是一般的阅读书写区，右边则是电脑区，移个身就能变换功能，空间也能被更好地运用。图片提供 © 漫舞空间设计

129 * **以书桌为核心的阅读展演。**此空间的大胆用色需搭配充足的光线，橘色的彩墙为房间注入热情与活力，自然光也让空间色调达到平衡。阅读功能以书桌为核心向床头与书柜延展，一体式的设计降低过多家具造成的零碎感，并通过同一面上不同方块（书柜、窗、黑板），使空间得以协调。图片提供 © 齐舍设计事务所

*127

*128

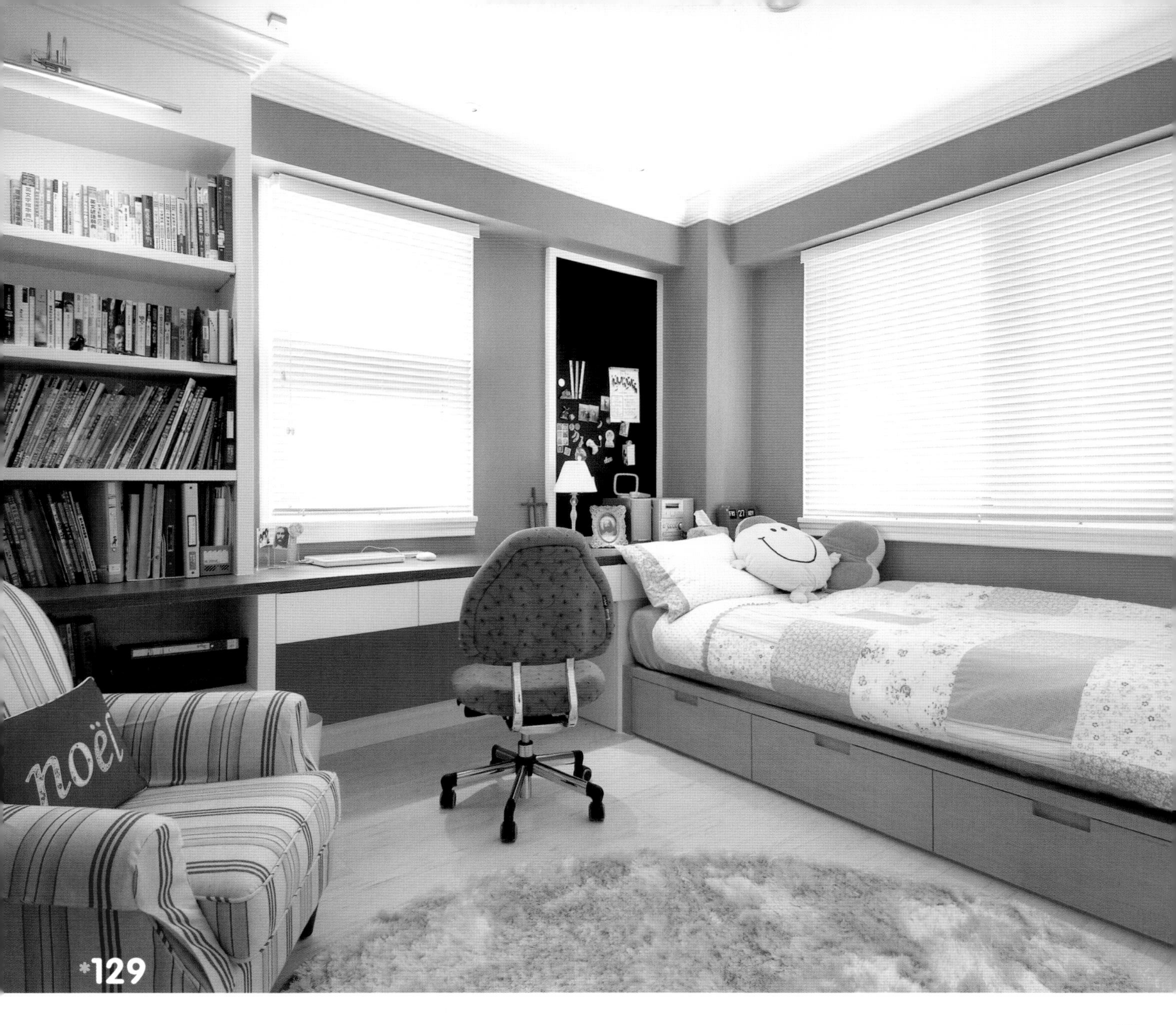

*129

*130

*131

130 * **窗边的良好采光有助于阅读写字。**将房间采光良好的区块留给小朋友阅读做功课。沿窗规划写字桌，并拉长桌面。靠床处则结合柜体加大收纳空间，桌面上方安排四盏嵌灯，提供夜间照明。再通过不同的墙面色彩，隐约界定出睡眠与阅读区。图片提供 © 禾筑设计

131 * **开放式空间的舒适阅读角落。**小朋友大多需要父母亲的陪伴与示范，才会养成阅读的习惯，封闭式的书房，对小朋友来说使用率并不高，不如帮他们设计一个可以舒服窝着的角落，最好就在书架旁边。图片提供 © 养乐多_木艮

132 * **浅色木作与圆角设计既舒适又安全。**女孩房设计固定式白橡木书桌，倒L形的造型使桌体更具利落感。白色层架将边角修圆减少锐利感，开放式设计除了可降低厚重感，也替暖色墙增添几分清爽感。因孩子年幼，故先将书桌旁空置下来，预留日后可依需求调整空间。图片提供 © 采荷设计

133 + 134 * **让孩子专心阅读及学习的区域。**儿童房靠窗的位置是完整的睡眠区域，而靠入门处则是阅读区，墙面特别设计了阶梯造型的展示书架，除了方便拿取，也让小朋友可以有单纯的看书、写作业的区域，床尾则利用畸零空间设计收纳柜，可收纳书籍、衣物及杂物，特别装设的电视，方便小孩收看教育影片。图片提供 © 摩登雅舍室内装修

135 * **简单的书桌为未来准备。**在空间充足的条件之下，小孩房一定要预留用以写作业的书桌与木作收纳柜。开放式部分离书桌较近，可放置各种书籍，方便拿取。衣柜内侧部分可依年龄需求与收纳物件的不同作细节的调整。图片提供 © 禾筑设计

*133

134

*135

136＊ **系统柜变身多功能读书区**。正值高中阶段的孩子需要一个适合读书的环境，设计师以系统家具制作书柜，分别依照不同的需求，设计层板的大小与高度，也在书桌上设计能隐藏线路的线槽，并预留可接音响、打印机的管线，让桌面可轻松保持清爽感，让孩子能随时静下心看书。图片提供 © 演拓设计

137＊ **错落书柜消除死角**。又是梁又是柱子的房间让设计师很伤脑筋，干脆做个假柱子，上半截刷成白色内藏收纳柜，下半截则是与书桌同系列的小书柜；内侧墙壁靠梁的地方也是同样的设计，下半截留给小主人当展示空间。窗台外推，扩大书桌的使用面积。图片提供 © 成舍设计

138 * **活动式家具，弹性利用空间。**此儿童房是针对刚进小学的小朋友所设计，延续整体空间简约的设计风格，以木皮与纯白素材为基底，重点搭配小朋友最喜欢的天空蓝色，呈现清新、明亮、与活泼的空间氛围。固定式床头收纳搭配活动式书桌与床组，随着孩子逐渐成长，可以更加弹性地利用空间。图片提供 © 共禾筑研设计有限公司

139 * **分离式抽拉柜可成桌面辅助。**颠覆过去梁下空间的处理手法，设计师使用封板方式处理，使梁下空间成为整个平面的管道间，并利用局部内凹的手法，取代床边柜，可用来随手放置闹钟、读物等。一面利用矮墙支撑的书桌，少了桌脚的阻挡，加入分离式拉抽柜，平时也可作为置物平台。图片提供 © 明代设计

140 * **利用墙面设计展示书柜。** 简单的儿童房以粉蓝色调为主色调，安排了靠窗摆设的睡眠床组，给予小孩充分的安全感，床头设计收纳柜以收纳棉被杂物，上方特别设计大大小小的方块展示柜，除了可摆放小朋友的玩偶，方便小孩拿取书籍，也让父母在小孩入睡前陪他们念儿童书。图片提供 © 摩登雅舍室内装修

141 * **留言板轻松记录学校大小事。** 书桌前方以白色烤漆玻璃作为留言板，可以贴学校功课表、爸妈的留言或者照片、卡片等，不但一目了然，而且容易清洁；而书桌上方的层板，摆放平时常用的书本，同时装设辅助光源，满足小朋友阅读时所需的光线。图片提供 © 珥本空间设计

142 * **阅读区域的多重选择。**以干净的白色为基底加入一点水蓝色，加上圆角收边，营造小孩房的活泼气氛；书桌结合卧榻，让小朋友可以在书桌前念书之外，也可以轻松地在卧榻阅读课外读物。图片提供 © 优向室内装修设计

143 * **收纳大量书本的大型书柜。**由于妈妈是幼儿园老师，因此常购买各类书籍给小朋友阅读，于是特别设计大型书柜来收纳书籍，设计师在白色书柜中穿插绿色的层板，让书柜不会太呆板。图片提供 © 顽渼空间设计

144 * **新旧家具混搭创造个性空间。**上了小学的孩子，开始有愈来愈多的参考书需要被收纳，因此设计了整面书柜，提供充足的收纳空间。另外，书桌、子母床经重新处理后，融入空间不显突兀，还创造出极具个性的空间效果。图片提供 © 漫舞空间设计

145 * **整合睡眠与阅读区域。**卧房空间虽然小却样样具备，考虑到小朋友需要自己的阅读区域，整合空间让床头板与书桌共用同一部分；书柜最上层特别使用茶镜，放大了卧房的空间感。图片提供 © 陶玺空间设计

*145

146 * **蔚蓝之中，与光相伴的阅读**。通过木作定制可达到各项功能的最大值，顺着角落转折处设计阅读区，让桌面结合床头柜增加使用空间，可当作床头面，下方亦赋予收纳功能。窗边滑推式的黑板则可依需求调整位置与采光量，充分利用创意设计为空间注入生活乐趣。图片提供 © 齐舍设计事务所

147 * **一致性色调带出平稳情绪**。保留房内可以呼吸的空间，利用风格极简的木作设计出简单的收纳柜。色调上呈现一致性的天蓝色，让孩子在大书桌前更感轻松、愉悦。图片提供 © 凯奕设计

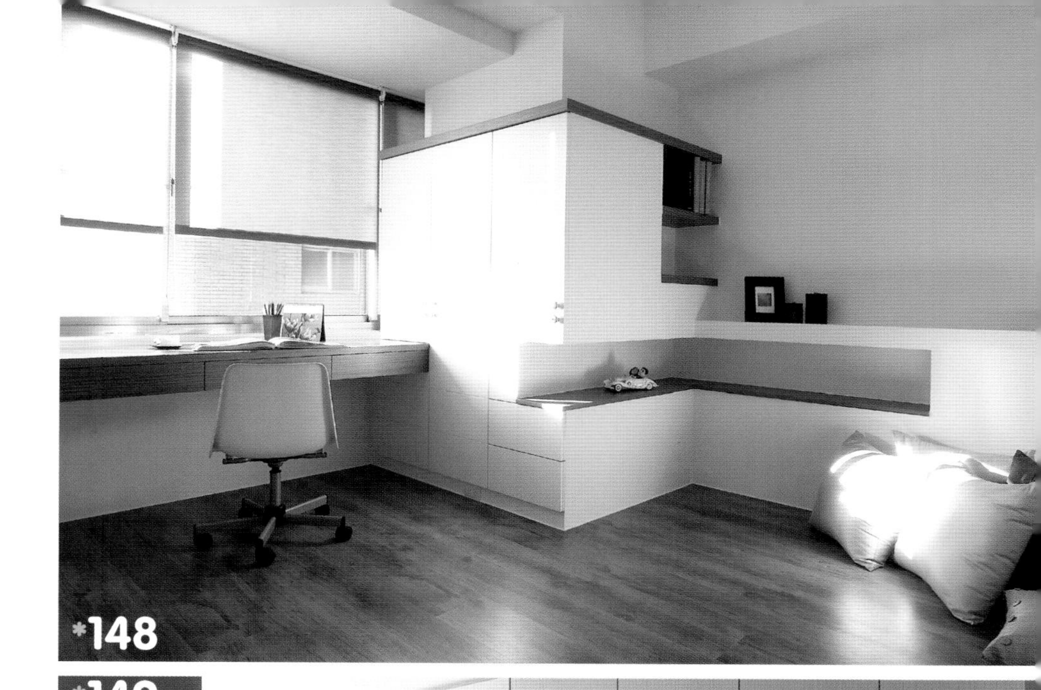

*149

148 * **与光相伴的活泼柜体，让阅读不无聊。**窗边光线最佳的位置设计为阅读区，特意让桌面向柱体延伸，增加使用空间。桌边的收纳柜用以修饰结构大柱，通过不做满以及中段挖空的手法减少厚重感，搭配台面创造出陈设区块，让收纳位置同时兼具展示功能，也增加墙面的变化性。图片提供 © 明代设计

149 * **窗边座台增加亲子互动。**为了把最大量的光线引入室内，刻意在窗边留白，并规划坐台区，让父母能够陪伴孩子读书、做功课，增加亲子互动。坐台底部采用上掀式柜子加大房间的收纳空间。白栓木的系统柜让阅读区显得清爽干净，营造舒适的阅读氛围。图片提供 © 禾筑设计

150＊ **以个性与沉稳的配色，营造适合阅读的氛围。**黑色的椅子、床架、衣柜，建构出充满个性的男孩房，为了避免空间过于沉重，辅以水蓝色墙面搭配，靠墙的书架满足收纳功能，且不遮挡光线，让靠窗的阅读空间明亮又舒适，另外安置的壁灯，则可满足睡前，阅读时所需的光线。图片提供 © 上阳设计 SunIDEA

151＊ **让阅读区成为入门主视觉。**长形的房间为了不影响行走动线，将阅读、写字区与床铺安排在底端，设计两种形式的收纳柜以满足不同置物需求，刻意让柜上方与天花板留空，维持空间的自由度，并通过桌面与床头的整合，化解上方吊柜造成的压迫感。图片提供 © 禾筑设计

152＊ **设计专属的阅读空间。**利用齐梁打造长形收纳柜，区隔空间的功能与属性。前半段做成展示型书柜，结合靠窗摆设的书桌，此区即成为舒适、明亮的阅读区，后半段可上掀以收纳棉被等物品，同时避免床与冰冷墙壁直接接触，借此打造出温暖的睡眠空间。图片提供 © 权释国际设计

*152

*153

153 * **磨砂手法让光线不刺眼**。空间有限的小孩房采用系统柜做收纳，天花板与壁面都以白色系为主色调，尽量使书桌融入背景之中，局部玻璃窗贴上磨砂贴纸，使阅读光线柔和。介于书桌与床的高柜采用黑色铺设，呼应窗框线条，使整体线条简明利落，展现舒适性。图片提供 © 演拓设计

154 * **柜子兼梯子很安全**。利用架高的床下当作阅读空间，一整片的灯光照明非常充足，大型的绘本读物及玩具都可以收纳在柜子里。要上床休息就顺着梯子爬上去，相当安全；床铺扶手上的英文恰巧是小朋友的英文译名，体现设计师的贴心。图片提供 © 幸福生活研究院

155 * **床头柜加宽兼具书桌功能**。床头柜结合床架设计，并刻意加宽处理，打开上掀板可轻易收纳大型物件，如被子、家电或学校用品等，而加宽的设计恰好能作为大小适中的桌板，打造出兼具书房功能的卧房，桌脚板则结合拉抽，多出的小平台可用来放置书籍。图片提供 © 好室佳室内设计

*154

*155

*156

*157

*158

156＊ **柔化光线，让阅读更舒服。**窗边虽是采光最佳的位置，却不适合在直射的光线下阅读，于是在窗下打造一长形收纳柜，在另一端转折延伸出桌面，光线有了缓冲，让阅读感觉更舒服。收纳柜以开放及抽屉式设计，方便于分类收纳。图片提供 © 好室佳室内设计

157＊ **间接光线让阅读不刺眼。**依照小朋友喜爱的蝴蝶图案与粉红色，营造属于女孩房的甜美感。结合系统柜与木作，依其功能需求量身定制，化解空间狭小的问题，并借由弧形天花板搭配间接照明，柔化光线，打造成适合睡眠与阅读的舒适空间。图片提供 © 馥宇空间设计

158＊ **以材质整合，延续阅读空间。**为保持墙面平整，以假梁修饰原有梁柱，并在转角处将墙面切齐，畸零空间则做成收纳柜，并延续书桌风格，让空间更有整体感。书桌靠窗设置，除了光线需求外，所有生活功能皆靠墙安排，确保动线的顺畅，也化解狭小空间的拥挤感。图片提供 © 权释国际设计

159＊ **让阅读成为空间核心。**贴上大片白色烤漆玻璃，再放上一张沙发椅，这里就成了可享受阳光，又可轻松阅读、涂鸦的空间，需要专心写作业时，就回到书桌前。利用窗边位置设计大型书架，便于睡前拿取书籍，也满足大量书籍的收纳。图片提供 © 权释国际设计

*160

160 * **拉环手把加强安全性。**刻意拉长台面并预留多处线孔，以满足孩子的学习需求。绿草和碎花壁纸带来自然气息，大量封闭式收纳可维持空间整洁，但上半部分的层架设计方便常用书籍的摆设。拉环手把可避免转角抽屉开关牵绊，亦减少了碰撞受伤的可能。图片提供 © 采荷设计

161 * **打造让人专心的阅读空间。**小碎花窗帘、寝具加上黄色直条纹壁纸，营造出属于女孩房的可爱、甜美风。空间不大，书桌只能放在床边角落的位置，所以内嵌二盏灯，解决角落光线不足的问题，结合书架的书桌，让桌面随时保持整洁，小朋友也可专心写作业。图片提供 © 好室佳室内设计

162 * **活动拉门灵活展开空间。**独立楼层的儿童房划分为睡眠、阅读与游戏区，设计师打破传统动线设计，改用钢框强化玻璃制的大型拉门取代实墙隔断，减少分散重复的门片，让空间可保持独立或开放，日后也能依需求进行调整。图片提供 © 玉马门设计

*163

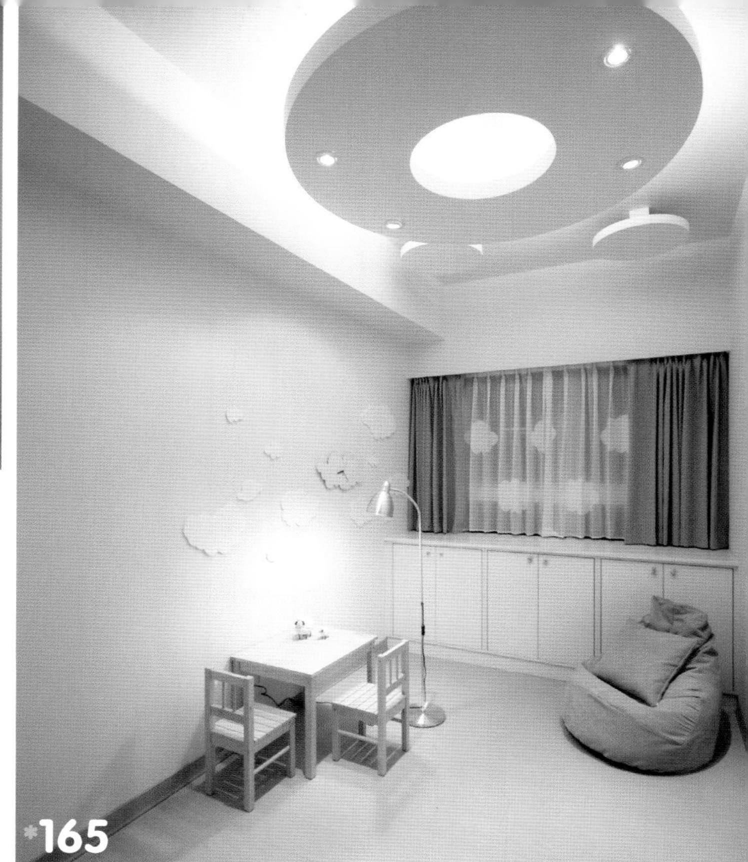

163 * **开放式格柜拉长景深**。延续公共区的设计风格，房内以粉红色系做色块切割，突显女孩的甜美活泼。因梁下深度够，故将衣柜与开放式格柜结合强化立面线条。书桌区除封闭柜外一样保有开放式收纳空间，一来可顺应层板安排照明，同时也能拉长空间景深。图片提供 © 翎格设计

164 * **阅读情境用斜角书桌加分**。延续床铺区的设计风格，阅读区同样以土耳其蓝色与深咖啡色铺陈。一体成型的斜角书桌，除能增加亲子对谈的机会，还可充当靠背躺椅，让孩子独自阅读时更惬意。大量收纳则设计在书桌背后，让周边环境单纯化，以提升孩子学习的专注度与效率。图片提供 © Ai建筑及室内设计

165 * **小型家具强化随性气息**。儿童房以淡蓝色作主色，再将白色云朵散布墙面与窗纱上营造出晴空画面，搭配甜甜圈灯使空间更具童趣。考虑到随孩子成长需调整空间，目前仅安排小型木桌椅和沙发，既可增加活动空间，也让空间气氛更随性自由。图片提供 © Ai建筑及室内设计

166 * **阅读区与收纳区**。儿童房的收纳及阅读区是重点，收纳物件主要以书籍及衣物为主，以本案为例，设计师在床旁边设计了用以做功课、看书，并连接多功能书柜的书桌，除了增加收纳功能，也可修饰梁柱。图片提供 © EASY DECO艺珂设计

167

168

167＊ **黑与紫营造书房的沉稳格调。**书房延续紫色主调营造统一感，但在台面与书架部分融入黑色元素，并以倒L形长台面增加实用性。色彩偏重的搭配不仅强调出空间调性，也有助心绪沉淀，又因有白色天花板、书架隔板及百叶窗的辅助，所以整体气氛不会显得滞闷。图片提供 © 宽月设计

168＊ **利用照明给予充足的阅读光线。**以造型天花板区隔睡眠区与阅读区，并嵌入间接照明，充足的光线让孩子阅读不显吃力。三段式的光源设计，可满足阅读或睡眠等不同需求。书桌旁的卧榻是小女孩特别指定制作的，希望在同学来访时，也有地方可以坐卧，卧榻下方为储物空间，可收纳杂物。图片提供 © 品桢设计

169＊ **书桌拉大，创造足够的阅读空间。**由于两个小孩是好动的，希望将小孩房设置在走道边，并以拉门，创造较大的活动空间。拉长的书桌创造足够的阅读空间，绿色的烤漆墙面具有吸附磁铁的功能，让小朋友可以随时贴覆创作的图画与获得的奖状等。左侧的衣柜下方另有收纳玩具的空间，让小朋友自己学着收拾，培养自律的能力。图片提供 © 品桢设计

170 * **从卧榻出发的阅读区域。**因为生活动线从卧榻出发，便整合临窗卧榻与床尾的书柜、书桌，连贯的设计让孩子即便不离开卧榻也能使用桌面。上方收纳柜以大小各异的块状为造型，特别使用不同颜色的亚克力方盒做跳色，可抽换的色块可随时变化，突显个性化色彩。图片提供 © 禾筑设计

171 * **稳定情绪的蓝绿色系。**顺着窗下空间以木材量身打造一道高 75cm 宽 210cm 的书桌，书桌下方空间平均分割成 6 个抽屉，以便物件分类与储放。设计师利用梁下空间设计成窗帘盒，安装控光卷帘，调节舒适的阅读光线，并且选用具稳定情绪的蓝色与绿色作为空间主色调。图片提供 © 德力设计

*170

171

172 * **柔和色温创造舒适的阅读环境。**不使用台灯，改以嵌入层板下方的间接照明作为阅读光源，刻意选择较温润的色系，柔和的灯光在阅读时一点也不刺眼。书桌高度稍微降低，配合小孩的身高，桌体侧面采用倒斜处理，减少碰撞的危险。图片提供 © 澄璞空间设计

173 * **可增高式移动书桌。**其巧妙在于随孩子成长的需求可调节移动，避免将书桌固定，以卡榫式设计取代，使用者可自由调整高度，以满足孩子成长的需求。图片提供 © 丞展设计

*172

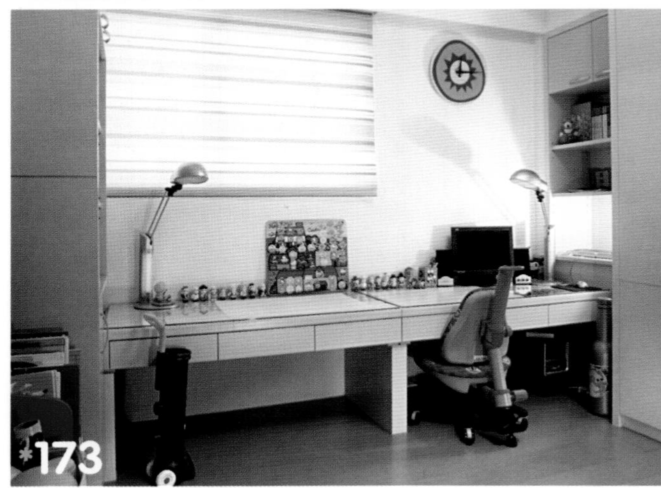
*173

*174

174＊ **创造充足收纳空间。**男孩房运用白色与木色的深浅搭配，结合木作与系统柜，整合出收纳与展示合一的阅读区，拉长的桌面增加使用空间，为学龄的孩子设计大量的柜体，创造充足的收纳空间。桌面与柜体选用深色的木纹营造沉稳的空间氛围。图片提供 © 澄璞空间设计

175＊ **配合习惯调整光源方向。**以定制的书桌满足小孩的学习所需，为了配合左撇子的书写习惯，刻意将光源和线孔改为右侧，方便小孩阅读，也便于未来放置电脑。上方的书柜融入屋主的创意设计，以宝蓝色和铁灰色的框格交错摆放，在具实用性的同时也呈现趣味性。图片提供 © 品桢设计

176＊ **一张书桌的两种姿态。**因空间挑高不足，设计师选用柚木地板并以卧榻方式处理卧房，但是仅仅稍稍提高，然后直接安置床垫，创造无压迫感的睡房空间。此个案的书桌设计是一种结合两张书桌的设计方式，使用者可以选择坐着，也可以选用跪着的方式使用。图片提供 © 德力设计

*177

*178

177 * **立体刻花，有童趣也有写实。**在房间的两侧加上充足的收纳柜体，书桌上方的层板拉起圆弧线条，弧角的设计更添使用的安全性。整体利用花纹图案，在墙面和柜体上采用不同的表现方式，碎花壁纸与立体雕刻花朵呈现女孩的浪漫情怀。图片提供 © 美丽殿设计

178 * **大面积开窗收入户外美景。**充分利用大面积开窗的设计，在窗边设置宽广的阅读空间，户外美景与室内交融，让学习也更有乐趣。墙面内凹的收纳设计，呈现干净利落的空间。为了打造舒适的睡眠环境，女儿特别指定床的装饰图案，满足个人喜好。图片提供 © 奕廷空间设计

179 * **运用颜色满足个人喜好。**有别于公共空间的白色主调，利用不同颜色区别不同卧房空间，整体空间以舒服的浅紫色铺陈，让小孩房有了小孩自己喜欢的颜色。利用畸零空间设置书桌，右侧的层板扩增收纳的功能，上下交错的设计，使空间更富层次感。图片提供 © 梵蒂亚国际

180 * **开窗引进大量光线。**由于儿童房仅 $6m^2$，为了扩大空间感并改善采光，墙面做出窗洞，引入光线，并可看到窗外的景色，在学习的同时可作为调节心情之用。右侧墙面选用绿色柜体，增加收纳功能，也借此包覆梁柱拉平空间。图片提供 © 绝享空间设计

179

181 * **功能十足的阅读空间。**由于床铺较大，为了充分利用空间，沿着墙面设置书桌和层板，让阅读与收纳功能同时得以满足。层板下方嵌入照明光源，节省桌面空间，层板的弯曲造型加上支撑的铁件，不仅丰富了空间感，也拉高空间高度。整体采用木质和浅色系营造温暖气氛。图片提供 © 夏沐森山

181

182 * **暗门与壁贴凸显空间风格。**儿童房的阅读区适合倚窗设计，光线较为充足，窗户旁边的空间也可以规划柜子，同时可利用壁贴来装饰儿童房，以本案为例，设计师运用活泼的壁贴加上线条沟缝，维持了墙面的完整性，也凸显了空间的风格。图片提供 © 康迪设计

183 * **系统家具满足阅读区的收纳。**为了满足孩子成长的需求，儿童书房的收纳空间要一次做足，再多的杂物也不担心。设计师选择用系统家具做收纳柜，等孩子长大后，只要换上门片就不用担心柜子过于孩子气。图片提供 © 皇舍设计

*182

*183

*184

*185

*186

184* **功能十足的城堡造型书房。**走进小孩的书房必须经过有如隧道般的拱门廊道，两侧都是收纳书籍与展示品的开放式书架，营造有如城堡里的童话空间，上方多出来空间还能做成隐藏式的收纳柜，静谧的空间让小孩阅读可以更专心。图片提供 © 城市设计

185* **睡前的美好阅读时光。**面向户外的窗下设计一张可移动书桌，高 75cm、宽 40-45cm、长 90-120cm。桌面下的抽屉则依照比例设计成高度 9-10cm、深度 50-60cm。壁面另增设了层架，可置放睡前阅读的书籍。天花板则局部安装间接照明灯与嵌灯，作为阅读照明。图片提供 © 德力设计

186* **陪小孩一起看书、玩游戏。**以黄色与绿色软垫铺设安全且色彩缤纷的儿童空间，在这个空间中有书桌，可以让父母亲与小孩一起看书、写作业，也能成为游戏玩耍的区域。运用可爱的吸顶灯与壁灯，为孩子打造一个属于他们的能够开心阅读的空间。图片提供 © 权释国际设计

187＊ **“冂”形床头柜与书桌化解风水问题。**床头柜的设计除了收纳的功能外，通常还有风水中避梁的功能。设计师将床头延伸至书桌，既可满足阅读的功能，床头部分也设置了上掀式的收纳柜，增加收纳功能也化解风水问题。图片提供 © 成舍设计

188 * **巧用柜体结合灯光设计。**将房间设计成家人共同的休憩室和视听室，上方夹层书柜结合灯光设计，补足空间光线；由于房内本身采光没有很好，特别利用一面深色墙做色彩对比，拓展视线，也让空间看起来更加明亮；可移动式的楼梯，功能相当丰富。图片提供 © 大卫麦可设计

189 * **开放式书柜让阅读更生活化。**搭配同一柚木皮所设计的大面开放式书墙，让使用的人更容易找到自己要的书籍，角落随意摆放的抱枕靠垫，让孩子可窝在墙角看书，也让空间显得轻松自在不受拘束 。图片提供 © 权释国际设计

190 * **局部夹层打造舒适阅读区。**利用空间 3.2m 的挑高优势，在下方预留 180cm 的高度，设计衣柜和 L 形书桌，上层则局部规划一小块夹层，加入书柜和一个懒骨头沙发，创造休闲阅读区，为空间增添丰富的层次感，小朋友能在夹层空间完全站立，让空间更加舒适。图片提供 © 橙白设计

190

让孩子睡好觉的亲子儿童房设计

以促进睡眠为目的的亲子儿童房设计，让孩子可以好好睡觉。

191

192

191 * **集合浪漫与实用的女孩房**。挑高的空间，设计师以柔和的花朵壁纸，结合蓝色绷布与施华洛世奇水晶，使空间不过分可爱，可以一路使用到高中阶段。下方的收纳设计，创造充足收纳空间。图片提供 © 艺念集私设计

192 * **欧美乡村风很温馨**。小朋友一个人睡通常需要很多玩偶陪伴，乡村风的儿童房里摆的是铁架的双人床，少不了的当然是线板装饰的家具，甚至连角落的挂架、床边的小边桌都有乡村风的线条装饰。蓝白色调的空间里随意摆上几幅画作，很有欧美的居家味道。图片提供 © 成舍设计

193 + 194 * **布置手法创造房间的使用弹性**。小孩成长过程变化太大，若不想花太多钱在小孩子卧房上，建议可用布置性手法打造儿童房，特别是利用油漆为空间开创出强烈的特色面貌，并利用小孩子的玩具、照片等作为卧房的装饰。图片提供 © 其可设计

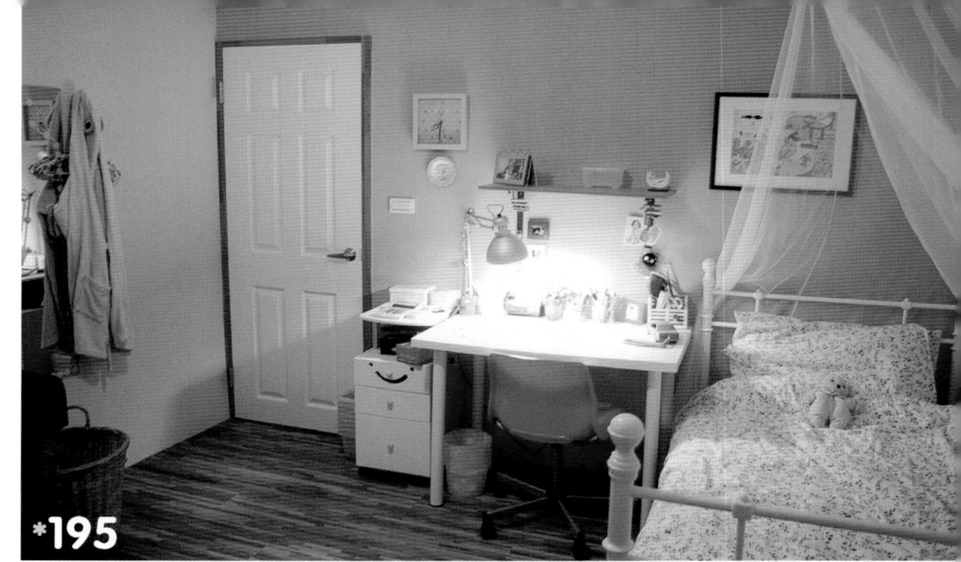

195 * **多用油漆与壁纸少用木作。**运用容易更换的油漆或者壁纸，为小孩打造梦想中的生活空间，随着小孩的成长，以后要重新调整，也不会造成大困难，并尽量减少使用不能更动的木作设施。图片提供 © 养乐多_木艮

196 * **软包包梁以防碰伤。**小孩的房间一定要考虑到各种安全隐患，而使用的建材也最好是环保健康的建材。天花板的大梁用软包包起来，即使不小心碰到了也不怕；柜子的边缘及抽屉把手尽量做成圆弧形，或是磨去锐角，以避免小孩碰撞受伤。图片提供 © 幸福生活研究院

197 * **用家具家饰营造缤纷趣味。**以白色作为主色调的小孩房，简约清爽之余，运用色彩缤纷的经典家具及家饰、灯饰、画作，让整个空间动起来，营造活泼与极具趣味的儿童房，除了培养小孩对色彩、设计师作品及空间美学的敏感度，也营造了舒适的睡眠环境。空间设计暨图片提供 © TG-STUDIO

197

198* **融入孩子的创作风格。**变更小孩房位置后，创造良好采光，让全室变得明亮。墙面以鲜艳的蓝色为底，并以小孩创作的城市剪影装饰，个性化的设计，呈现小主人的自我风格，黄色的衣柜则与蓝色墙面形成鲜明对比。图片提供 © 馥阁设计

199* **假天花板消除空洞。**挑高 4.6m 的空间一个人睡起来太过空旷，尤其是女孩子，恰巧房间所在的顶楼屋顶原本就是斜顶，于是在床的上方顺势做了弧形的假天花板，加上卧房区域稍微架高，感觉就不会那么空洞。图片提供 © 艺念集私设计

200* **长形卧房具时尚感。**长形的房间在卧铺区域做了架高设计，放了床垫后依然余有空间，直接利用床尾空间做成小型的活动区，听音乐或与三五好友聊天聚会都很适合，即使客人要过夜也很方便。上方的梁被斜天花板虚化掉，反而烘托出整个空间的时尚感。图片提供 © 成舍设计

201* **手工纸屋秘密基地。**在没有隔断的 60m² 空间里，唯一的房间就是这栋用手工纸一片片粘贴而成的小纸屋，双人床高约 1.6m，坚固又耐用，就坐落在室内的正中央。满 2 岁的小男生已经敢一个人睡在纸屋里，而不需要大人的陪伴。图片提供 © 非关设计

198

*199

*200

*201

202 * **睡在云朵似的房间。**虽然空间不大，但高度够，于是做了云朵造型天花板，不但设置嵌灯也有冷气出风口，不至于让冷气吹到头。房间的层板也做成云朵造型，并装设嵌灯与其相呼应，而床头板则采用软包处理，舒适、安全又温馨。图片提供 © 成舍设计

203 * **是卧房也是专属起居间。**结合小孩子的起居空间与卧房，就像是一间大套房，宽敞的活动空间可以让孩子自由行走在房间内，让他们学习整理自己的故事书与玩具，就像是父母亲在打理家庭环境一样。图片提供 © 其可设计

204 * **斜顶天花板藏冷气出风口。**将原本是一般的天花板刻意做成斜顶天花板，冷气出风口在斜角中间，这样冷气就不会直接吹到两姐妹任何一个人的床上，以确保小朋友不容易感冒。特别在窗台前定制长桌，一方面可以当小工作桌，另一方面也避免床头靠窗的忌讳。图片提供 © 非关设计

205 * **粉红纱帘画龙点睛。**超浪漫的公主房，布置起来并不会太难，只要选择可爱的家具、适合的壁纸、粉嫩的色彩，通常都可以营造出浪漫的氛围。但设计师在靠床头的墙壁上多加了粉红带点黄的纱帘，为整个空间起了画龙点睛的作用，让人感觉更梦幻。图片提供 © 艺念集私设计

*202

*203

*204

*205

206 * **区域分明的设计打造儿童房。**儿童房跳脱其他空间的冷调，运用柔和鲜艳的色彩，营造童话故事的气氛，上下铺床组让两个小孩有各自的睡眠空间，而区域分明的设计也让他们有自己独立活动及收纳的空间，角落则设计了开放式儿童书柜，方便小孩起床睡觉前翻阅。空间设计 © Carola Vannini Architecture 摄影 © Stefano Pedretti

207 * **从小就培养美学品位。**粉嫩的儿童房充满经典物件，角落粉红色休闲躺椅，来自 Ronan 与 Erwan Bouroullec 的作品，父母可以坐在这里念儿童书陪小孩入睡；而童趣十足的大象凳是知名设计师 Charles 与 Ray Eames 的经典作品，从小就培养小孩的美学品位。空间设计 © Monica Penaguiao 图片提供 © POEIRA Interior Design

207

208* **低彩度直条纹营造中性味道。**考虑儿童房要持续使用至小孩的青少年时期，甚至是成人期，因此在色调选择上以中性色为主，米色柜体搭配低彩度直条纹壁纸，就连柜体门片也加入直条纹元素，整体耐看，也成功营造出中性味道。图片提供 © 舍子美学设计

209* **造型天花板玩趣味。**略嫌狭长的房间如果顺着线条走，未免太单调，把在床铺上方的天花板做出类似“？”的造型，并且装设间接照明，这样即使床铺比墙壁略为凸出也不显突兀。对应着凸出的床铺，书桌与衣柜中间的柜子内缩，用来摆放液晶电视刚刚好。图片提供 © 成舍设计

208

209

*210

210 * **浅色点缀舒缓沉重感。**当很有主见的少年坚持要用很深的蓝色作为房间主色调时，就答应他吧！这么深的蓝色当墙面，皮革绷板背墙中间的浅白框架舒缓了空间的沉重感，框架里特意选用带有蓝色的条纹壁纸，呼应主色调，而衣柜门板选用纯白立体纹，也有异曲同工之妙。图片提供 © 艺念集私设计

211 * **可以放圣诞树的儿童房。**宽敞的儿童房中的单人床符合长形空间，并摆放许多小孩子的照片、故事书、绘本、小画作，让小朋友感受到这是自己的房间，且有安全感。墙壁上的白板可贴上合适的节日卡片等，床边摆放圣诞树，满足小孩的心愿。图片提供 © 禾筑设计

212 * **飘逸线帘取代布幔。**由于是狭长形的卧房空间，单人床就夹在中间，一侧是整片落地窗，并以线帘代替沉重的布幔，给人飘逸的感觉。另一侧的小空间不够用以做衣柜，于是做了梳妆台，并以拉门隔开镜子，营造舒适的睡眠环境。床头及床尾则是特制的布包背板，营造公主床的气氛。图片提供 © 艺念集私设计

213 * **宛如公主房般的浪漫卧房。**小女生偏爱粉红色，因此设计师将卧房以粉红色为主色调，除了床组运用浪漫的蕾丝装饰，一旁还布置如下午茶的陈列，加上蕾丝立灯、淡雅的古典花色壁纸，搭配花色窗帘及白色梳妆桌，让空间变得更丰富，呈现如公主房般的粉嫩优雅！图片提供 © 摩登雅舍室内装修

214 * **系统家具打造儿童房。**满足小女儿的卧房空间，以粉嫩的粉红色系作为空间主色调，床铺后方贴上颜色相近的壁纸，加上玩具饰品与可爱吸顶灯，打造出小女孩心中理想的卧房样貌。另以木地板增加卧房的温暖触感，且设计师让大量光线进入室内，并以罗马帘作为遮光之用。图片提供 © 权释国际设计

*215

*216

*217

215 * **假天花板隐藏灯管。**原本平凡无奇的房间，却因为在床头上方设计了浅蓝色弧形假天花板，让人感觉睡在柔柔的云朵下方。假天花板上方还装设了间接照明，让光线不至于太刺眼。靠窗做了长排收纳椅，坐卧两用还兼储物功能，并靠墙悬挂吊灯，让收纳椅变成适合看书的角落。图片提供 © 成舍设计

216 * **打造深蓝色海底世界儿童房。**通过色彩布置儿童房，打造专属孩子的空间，儿童房的主墙面特别运用海洋世界的壁纸，充满卡通视觉效果及童趣，不但能激发小朋友的空间想象及创意，深蓝色的海洋也有稳定情绪作用，让小孩睡得更安稳。图片提供 © 杰玛室内设计

217 * **桃红粉嫩花朵的乡村风卧房。**设计师在女孩房选用温暖耐看的桃红色作为空间的主色调，让空间在柔和的氛围中有着温馨的气质及氛围，加上梦幻的乡村风元素如花朵等，搭配月亮造型的可爱吊灯，打造柔美舒服的睡眠环境。图片提供 © 摩登雅舍室内装修

218 * **两张单人床符合未来需求。**家里有两个小孩，共同使用一间卧房时，床铺应该买怎样的呢？双人床容易影响孩子们彼此的生活起居，两张单人床在他们长大后，想要分房间也可以搬开使用，以蓝色与绿色为主色调的男孩房，让兄弟两人拥有共同的生活记忆。图片提供 © 城市设计

*218

219* **以超大跑车图做装饰。**儿童房的主墙也可选择超大跑车图作为壁面装饰，让墙壁也都是可爱的蓝色壁纸。另以弧形墙面避免直角碰撞的危险。而床具也选择双层可拉出的类型，当小朋友准备就寝时，可将下方床垫拉出，两个小孩都有各自的睡眠空间。图片提供 © 大进设计

220* **壁纸及涂料打造温馨儿童房。**一般儿童房较适合走温馨风格，若希望温馨中仍能有符合自己个性的设计，设计师推荐用壁纸及涂料，因为壁纸的花色及涂料的颜色选择多，且还可以与涂料搭配，将来孩子大了，若不喜欢也可随时更换。图片提供 © EASY DECO 艺珂设计

221* **蓝白搭配营造幸福感。**躺在床上就能看到蓝天白云，真是一件幸福的事！天花板上利用特殊颜料彩绘出蓝天白云，连外框造型都像朵云，罗马卷帘也是蓝白搭配，整个房间给人明亮又洁净的感觉。两张床都有安全护栏，防止小朋友睡觉时不小心跌落。图片提供 © 成舍设计

222 * **延续色系与材质，创造空间整体感。**苹果绿色的书桌延续至床头板，而衣柜下方的木材则与卧榻相接，创造空间整体感，使空间更为平整利落；卧榻式的床铺，成为小女生们嬉闹谈心的小天地。图片提供 © 珥本空间设计

223 * **对称设计平分空间。**当兄弟姐妹使用同一个空间时，如何分配空间才不会让他们觉得父母偏心呢？最好是用同样的材质、家具，连布置也互相对应。靠窗的书桌左右抽屉一样大，椅子、床组也是一模一样，这下总不能再说父母偏心了吧！图片提供 © 成舍设计

224 * **简约设计构建成长空间。**顺应小朋友成长的变化，空间以干净简单的色系及设计为主调，可随时依需求调整而且容易搭配；除了衣柜外，另外设计开放式收纳柜，方便摆放小女生的玩具和书本。图片提供 © 耀昀创意设计

225+226 * **既要相邻又要不同风格的兄弟房。**两间紧临一起的儿童房，一间以鹅黄色与胡桃木搭配，为哥哥的房间注入活泼中带有稳重的气息；弟弟的房间则以恐龙壁贴为主要的布置元素，设计师运用壁贴与颜色差异性，分别为个性不同的兄弟打造出不一样风格的卧房。空间设计 © 次异室内设计 摄影 © 蔡博宇

227

228

227＊ **卧榻床铺围塑女孩小天地。**粉紫色系表现出女孩天真烂漫的特质，而在床头靠近墙面的部分及床尾，都以软垫铺设，可以避免睡觉时感到墙面的冰冷，床尾部分摆放几个抱枕，创造一个阅读与游戏兼具的舒服角落。图片提供 © 珥本空间设计

228＊ **运用活动式家具增加收纳空间。**购买活动式家具增添卧房的乡村气息，同时兼具收纳功能，如床前的矮柜，可以当成临时坐椅，里头还可以收纳抱枕、寝具、玩具、玩偶等物件。图片提供 © 城市设计

229＊ **淡雅粉色打造专属小女孩的浪漫公主房。**整体空间以粉色系来打造专属小女生的卧房，铁架床框加上纱质床幔尽显浪漫气息，再以图纹壁纸相衬，更能凸显空间主题。图片提供 © 陶玺空间设计

*230 *231

*232

230 + 231 * **夜光壁纸创造白天夜晚不同氛围。**儿童房正上方刚好有一道横梁，利用造型天花板，成功消弭压迫感，并利用夜光壁纸做装饰，白天延续房粉色调，到了夜晚关上灯后所产生的夜光效果，也替卧房创造出不同的氛围。图片提供 © 漫舞空间设计

232 * **整合功能打造小朋友的专属天地。**整合多种使用功能，书桌结合活动式镜子，不会遮挡阳光又可当梳妆台使用，除睡床之外还增设卧榻，同学或朋友来玩时就有足够的聊天场所；另外设计的烤漆玻璃墙面里层为铁板，因此不但可画画，也可以使用磁铁张贴纸条，相当方便。图片提供 © 优向室内装修设计

233 * **壁纸纱幔营造浪漫情调。**善用壁纸与现成家具、家饰，轻松打造儿童房！壁面贴上白底蓝花壁纸，并搭配现成家具、家饰以及纱幔，让平凡空间充满浪漫情调，随着小朋友日渐成长，也能再做弹性调整。图片提供 © 舍子美学设计

*233

*234

*235

*236

234 * **上下铺具多功能用途。**空间有限的儿童房，若有太多装饰物就会使空间显得窄小、压迫，因此设计师在必备的物件上，加以修饰以营造缤纷活泼的气氛，色彩鲜艳的上下铺床板还能再拉出一张子床，作为收纳或休息之用。图片提供_漫舞空间设计

235 + 236 * **波浪扶手美观实用兼具。**此儿童房为复式格局，因此，设计师特地在通往上层处做了波浪扶手，圆弧线条顾及孩子的安全，扶手板另一侧还能装设灯箱，让扶手除了美观还兼具实用功能。图片提供 © 舍子美学设计

237 * **两房合并的儿童房。**与其一人一间小小的小孩房，不如将房间合并，让孩子们有双倍的空间可以一起玩、一起看书和画画，不但少了单人房的孤单寂寞和局促狭隘，也让他们有更多时间相处、培养感情，彼此还能讨论功课。摄影_Sam 空间设计 © 宇文昌室内设计

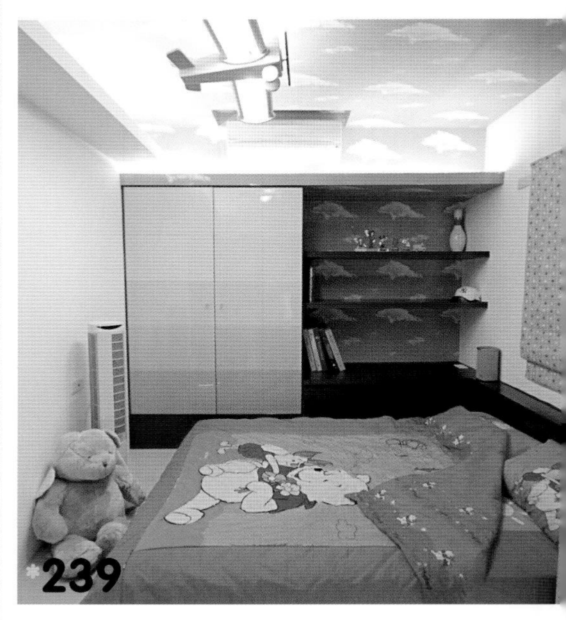

238 * **方格窗让儿童房宛如小城堡。**以粉红、粉蓝色系为主色调的儿童房，天花板中加了立体云朵的造型装饰，同时更在窗户上设计了方格窗，除了加强整体感外，更让这个小环境宛如小城堡一般，充满童话色彩。图片提供 © 芽米空间设计

239 * **壁纸串联空间营造无压的视觉感受。**利用蓝天白云样式的壁纸，将天花板与墙壁串联起来，主题性明确，同时还创造出宽阔、无压的视觉感受。另外，在寝具选择上也与壁纸相呼应，并带有卡通图案，为空间增添童趣。图片提供 © 芽米空间设计

*241

240 * **"汉堡咬一口"变身特色床架。**以"汉堡咬一口"为灵感的床架设计，外观是可口的汉堡造型，右下角还设计了一个小缺角，像是汉堡被咬了一口，可爱极了，但其实是设计师为方便孩子上床而特地设计的。图片提供 © 舍子美学设计

241 * **量身打造的跑车造型床架。**儿童房里特别为孩子量身打造了一个跑车造型床架，车体身兼扶手与隔屏，既美观还能加强安全性。另外，上方还特别设计了红绿灯与车标灯，除了作为装饰，到了夜晚还能当作照明来使用。图片提供 © 舍子美学设计

*242

*243

242 * **光线间接反射减缓视觉压力。**空间位于夹层上方，整体以白色搭配实木色为基调，如主墙内凹加上实木皮处理、胡桃木地板等，而柱体形成的畸零空间则设计较深的隐藏柜，门片使用大干木制作，独特的纹理具有装饰效果，此外并利用光线的间接反射营造睡眠氛围。图片提供 © 大雄设计

243 * **整间房都是睡眠区。**运用橡木地板，铺排出自然悠闲的睡眠区。直接将床垫放置在地板上，压低视线以扩大视野，也较贴近小朋友的高度，降低活动阻碍。成排的绷布靠垫呼应顶部的悬浮式衣柜，在上下与虚实之间让空间感达到平衡。图片提供 © 明代设计

244 * **让人安心放松的睡眠角落。**把睡眠区规划在房内安静的角落，橡木染灰的地板与带绿的秋香色床座，使整个环境更加柔和与温润，再借由卡其色的床头背墙营造睡眠氛围。搭配灯光加强舒适感。两张床以饭店的配床方式摆放，维持兄弟亲密与独立的关系。图片提供 © 禾筑设计

245 * **缤纷配色提高空间活泼度。**对于学龄前孩子的儿童房设计，最主要便是把空间简化，方便日后的扩充。让大型收纳空间与墙面齐平，创造宽敞的空间感。在采光佳的条件下，大胆使用高彩度的颜色做搭配，以粉红与鹅黄的直条纹穿插，营造活泼鲜明的气氛。图片提供 © 齐舍设计事务所

246 * **一道横梁顺势将空间一分为二。**空间里有一道大梁，于是借由横梁将空间一分为二。在风格呈现上利用各种壁贴来做装饰，活泼逗趣之余，还营造出两个孩子渴望的马戏团氛围。图片提供 © 漫舞空间设计

247 * **修饰大梁维持儿童房的舒适度。**儿童房常有大梁经过，设计师利用造型天花板的设计，通过装修技巧将大梁加以修饰，既可维持空间的完整，也让空间更加清爽，同时选择蓝色条纹的壁纸，让小孩房有自己的风格。图片提供_成舍设计

248 * **柜体沿墙设计不占空间又美观。**小朋友除了衣物，随年龄渐长，也开始有许多东西需要被收纳，因此足够的置物空间是必要的。于是设计师沿墙设计整面柜体，一半作为衣柜、一半则是书柜兼展示柜，整体一致，美观又不占空间。图片提供 © 漫舞空间设计

*249

*250

*251

249 * **腰线让儿童房变高又变美。**线板与腰线不仅仅是美式及乡村风格的重要元素，同时还具有调节空间比例的功能，儿童房空间多半较小，也可以运用墙面拉高腰线，让空间高度得以拉伸且更具风格。图片提供 © EASY DECO 艺珂设计

250 * **造型隔板将空间一分为二。**两位小孩需要共享一间房，巧妙利用造型隔板将空间一分为二，让两位小孩各自拥有自己的睡眠空间及阅读区。书桌上方设计花朵造型的书架，可各自收纳及放置喜欢的玩偶及书籍。图片提供 © 典藏生活室内装修设计

251 * **减少过多设备让儿童房回归单纯。**为让小朋友在休憩时能更加舒适，除了基本设备外，不要再添加过多东西。至于整体调性，也以粉色系为主，小碎花壁纸搭配粉色寝具，除色调相呼应外，也成功替儿童房营造出浪漫气氛。图片提供 © 舍子美学设计

252 * **小女孩最爱的粉红公主房。**如何让有公主情节的小女孩爱上她自己的床呢？设计师为了满足小女孩的公主梦，为了锻炼她们自己睡。选择甜美的粉红色系，并加上床柱纱帘，满足小女孩的浪漫想象，让她们爱上一个人睡。图片提供 © 皇舍设计

253 * **把床摆在最适合的位置。**在拥有两面采光优势的空间中，如何摆放小孩子床的位置，通常关系到小孩睡眠的质量，尽量让头部上方与侧面不要直接对着窗户，以柔和的色彩系作为空间色调，小孩的衣物用矮柜收纳就足够，让充足的光线可以进入卧房又不影响睡眠。图片提供 © 其可设计

*252

*253

*254

*255

254* **向上发展争取使用空间。**在空间有限的情况下，运用上下铺的设计手法，把床铺安置于上层，为下方争取游戏区。考虑到小孩睡觉时的安全问题，则让床的一侧倚墙、床头靠衣柜，护栏达到安全高度后，再通过穿透设计减低压迫感。图片提供 © 齐舍设计事务所

255* **孩子们的拼图就是最美的装饰。**为了让孩子们休憩的环境里，拥有属于他们的风格味道，除了空间以粉色系为基调之外，在床头墙上还挂了他们亲手完成的拼图画作，时时可以欣赏到自己的作品，空间风格也相当有个人特色。图片提供 © 漫舞空间设计

256* **可以照顾小孩的双层床。**由于家中面积不大，父母因工作关系常得出差，需要家中长辈来家里照顾小孩，儿童房里的双层床便派上用场，中间格柜还可收纳物件。弧形天花板让卧房更有层次感，也不显得压迫。图片提供 © Kenny & C

257* **营造柔美的小普罗旺斯风情。**年纪尚小的两位小主人共享卧室，可以互相陪伴，有助入眠。墙面采用明亮清爽的绿色系、加上线板收边，并巧妙搭配丰泽园系列单人床架、梳妆台（兼小书桌），加上一盏蜡烛灯，以及定制的纯棉窗帘布，营造出柔美的小普罗旺斯风情。图片提供 © 尼奥室内设计

*256
*257

258

259

258 * **家具对称选搭平衡视觉。**利用传统的装修手法，将原有咖啡色线板重新喷白，搭配较成熟的壁面选色，使整体符合乡村风情，线条却维持简单利落的感觉。屋主希望空间设计以家具搭配为主，因此选用的书架与主墙面凸柱对称，平衡视觉感。图片提供 © 尼奥室内设计

259 * **粉色条纹壁纸营造舒适氛围。**小朋友的睡眠很重要，睡得好身体才能健康，所以在颜色挑选上，也不宜过于强烈，最好以轻柔的粉色系为主，可选择壁纸作为壁面的装饰材料，本案中，设计师以条纹壁纸搭配白色家具，不仅让空间看起来很有个性，也有一种舒适放松的氛围。图片提供 © 尚展设计

260 * **儿童房也可以很具古典风。**儿童房的设计不一定要与整体室内空间风格一致，但若需要还是可以的，以这古典风格的儿童房为例，设计师运用古典图案的壁纸加上古典造型的家具，就把风格带出来了，日后若想改变也只要换个家具或壁纸就好。图片提供 © 尚展设计

*260

261 * **让睡眠空间维持简约单纯**。几乎占满整面墙的大片窗户，引进户外绿景，与大地色系为主调的室内空间呼应。摆脱一般收纳做到满的思维，仅以吊柜和收纳盒满足收纳需求，书桌引进丹麦进口的系统家具，为的就是能立于墙面，以维持屋主追求的简约风格。图片提供 © 权释国际设计

262 * **主墙与床架一体的简单造型**。适合上中学或者高中的小孩，设计师以单纯的几何图形，加上天花板不做满，辅以间接灯光营造轻盈的卧房气息，借由一体成型的木作制作床架与床边置物台，结合海岛型木地板，呈现出简洁利落有个性的男孩房，中间区域则作为更衣间与收纳空间。
图片提供 © 城市设计

263 * **格层灵活运用创造有趣的柜体。**柜体除了作为书柜、展示柜外，收纳功能也要强大，因此，设计师将格层做灵活的变化运用，高度、宽度大小不一，既可作为收放书籍、收藏品之处，若要摆放大一点的奖状、奖杯也不是问题。图片提供 © 漫舞空间设计

264 * **用色彩表现儿童房的风格。**在决定儿童房的空间色彩前，先询问小朋友喜欢的颜色，也会依个性稍作调整，好动的小孩可以用较稳定的色系，较内向的小孩，运用活泼点的色彩。图片提供 © IKEA

265* **极简中添可爱。**整体空间风格取向简约低调，但小孩房希望仍有女孩的可爱风格，因此主墙选用浪漫的浅紫色，搭配间接灯光营造浪漫氛围，利用寝具、边柜的细节，营造出英式乡村风，一方面也预留空间，未来可视需要定制系统柜。
图片提供 © 墨比雅设计

266* **挑高门高，开展空间高度。**"花"的符号重复出现在壁面、寝具、吊灯上，加上较华丽的浮雕线板、菱形纹壁纸、丰泽园单人床架等，打造出美式新古典风格的儿童房。由于旧门高度仅210cm，巧妙以加高线板挑高，增添了大气感。
图片提供 © 尼奥室内设计

267* **大小不一的框架趣味。**紫色床组替一片白色的空间装点出些许浪漫气息，搭配略带奢华感的抱枕，替浪漫的卧房增加一点成熟的韵味。对于总是有太多小东西需要收纳的女孩房，则摆脱传统的柜式收纳，改用大小不一的框架展现小女孩的个性。图片提供 © UT design 刘育葶室内设计事务所

*267

268* **地毯让儿童房增加舒适触感。**设计师运用花色壁纸贴在衣柜门片上，为儿童房衣柜增加创意变化，也可全室铺设地毯，增加卧房舒适触感，设计师强调要多注重清洁与除湿。图片提供 © 艺念集私设计

269* **奇幻光线引人入睡。**女孩房以圆弧形白色烤漆墙面为背景，上下加入间接照明，搭配整体白色系家具，形成奇幻的光影效果，在暖色调的背景墙上，不规则分布的大小圆洞，为空间增添活泼感，也可用来摆设喜爱的私藏小物。图片提供 © 大山空间设计

*268

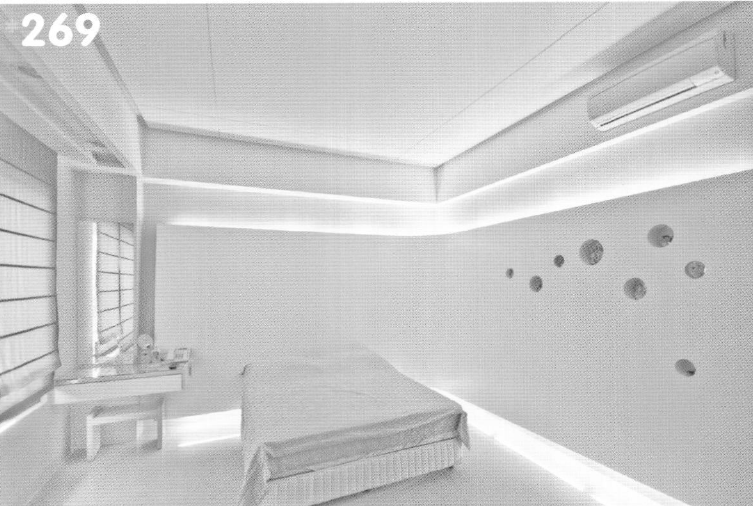
*269

*270

270 * **纱帘变蚊帐，打造无压的睡眠空间。**这是一个特殊的L形房间，利用角落规划独立的卧床区，柔和带中性的绿色调漆面及壁纸配色，有效地让空间表情更加丰富，将窗前落地的纱帘全部展开拉到床头墙边，即可以轻易围合出简易的蚊帐，为幼儿打造出一个空间层次丰富、不受蚊虫侵扰的睡眠空间。图片提供 © 上阳设计 SunIDEA

271 * **粉嫩色系的浪漫女孩房。**因为两姐妹年纪尚小，合并两个房间改成一间儿童房，大量运用粉红色系彰显小女孩的浪漫情怀，并在侧墙采取局部粉红色，即使未来两个房间分隔开来，也不会显得狭小。云朵造型的窗帘盒，则为空间更添浪漫氛围。图片提供 © 郭璇如室内设计工作室

272＊ **极简好眠卧房**。以简约风格为主的儿童房，颜色采用淡雅的浅色系，只在床头主墙贴上圆形图案壁纸，避免过白的空间太单调。床安排在房间较里面的位置，简单地将活动区与睡眠区分开，在活动区墙上贴上白膜玻璃，可让小朋友随意涂鸦。图片提供 © 优向室内装修设计

273＊ **雕花壁纸凝聚风格**。在刷白橡木的铺陈下，局部天花板装设间接光源、不复杂的线板，并以淡紫色的雕花壁纸凝聚主墙视觉，让女儿房展现房间主人甜美优雅的气质。书桌结合在书柜之中，一体之中具有多种功能。图片提供 © 梵蒂亚国际有限公司

274＊ **公主系甜美卧房**。以白色为基调的空间中，巧妙地运用金色、珠光或银灰色营造出低调奢华的氛围，在女孩房的设计中，则在纯白底色中以亮眼的粉红色点缀，床头板结合照明、浮雕壁饰，打造出公主房般的甜美氛围。图片提供 © 格纶设计

*272

*273

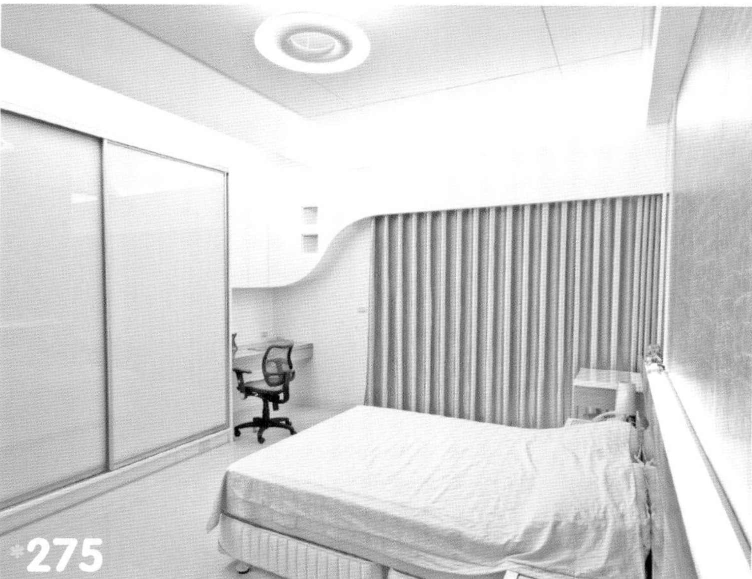

275 * **极简无压空间**。青少年房的主墙面选用特殊的银色仿皮革壁纸，与大面玻璃横拉门式的衣柜呼应，表现出冷调简约的美感，书桌区则利用窗帘盒延伸为收纳柜，局部内凹可作为小物展示架。图片提供 © 大山空间设计

276 * **无压迫感的法式乡村风格**。选用线条柔美、装饰性元素不复杂的床具，加上蜡烛灯、淡奶黄色刷漆，营造法式乡村风格，并沿用屋主原有的坐卧两用床框，作为朋友过夜住宿的客床。床头以巧妙的方式化为暗柜，冷气管道则结合间接灯光，为房间提供充足的照明灯光。图片提供 © 尼奥室内设计

277* **以低调色彩，营造宁静、舒适的睡眠空间。** 整体空间风格走向简约，颜色跳脱一般儿童房的缤纷色调，改以沉稳的中性色系打造安定、宁静的空间。照明则利用柔和及温暖的黄光，替极简风格的空间增添一丝温度。图片提供 © 好室佳室内设计

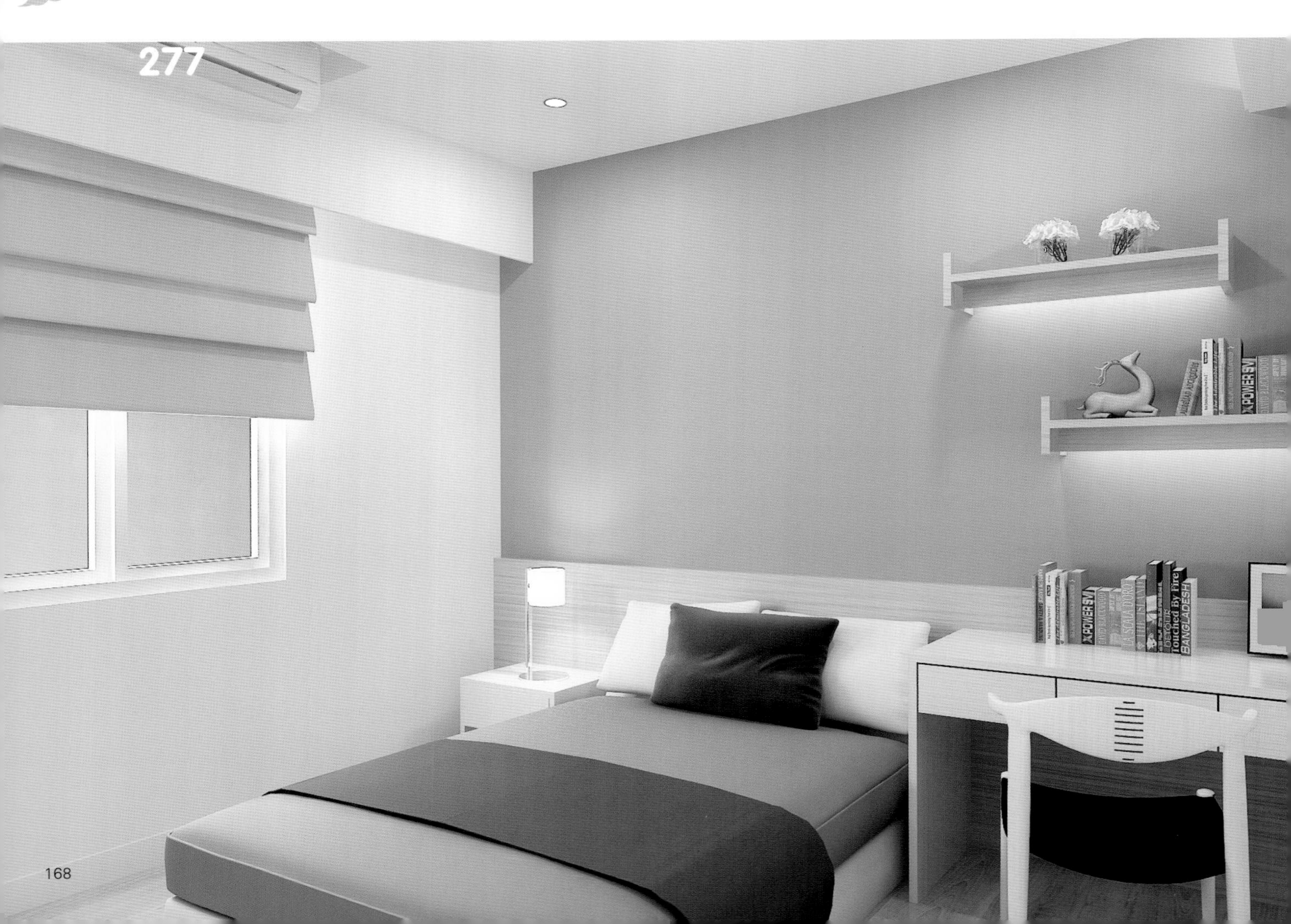

278 * **享受一个房间的合住生活。**考虑日后空间能灵活使用，因此全室以白色为主色调，只简单贴上粉色卡通壁纸及配上鲜艳的寝具，装点出儿童房的活泼气息。空间尽量单纯化，仅以吊柜做收纳。学龄儿童必备的书桌，足够用以两个小朋友写作业，家长也能在一旁陪读。图片提供 © 优向室内装修设计

279 * **善用照明设计，营造放松的睡眠空间。**天花板利用圆弧线条加强视觉律动感，并利用间接照明营造适合睡眠的氛围。收纳柜柜门以白色烤漆玻璃及磨砂玻璃取代，借由具轻盈穿透的特性化解顶天收纳柜的压迫感。另外，利用色彩较丰富的寝具及壁贴，替纯白空间增添色彩与活泼感。图片提供 © 馥宇空间设计

280 * **女孩的秘密空间。**天花板与墙壁刷上甜蜜的粉红色，符合小女孩的浪漫情怀，不受拘束的卧床区，能轻松自在地仰视自己的私密空间，收纳柜可以摆放女孩的宠爱珍藏。图片提供 © 凯奕设计

281 * **甜美系乡村风儿童房。**衣柜、书桌、吊柜，选择浮雕线条比较简约的门片，搭配白色与橘色，打造出略带甜美的古典乡村风儿童房。衣柜等收纳与阅读区域，则统一靠墙安排，与睡眠区做划分，没有柜体的压迫感，睡眠区显得简单、清爽，也让人更容易一夜好眠。图片提供 © 馥宇空间设计

282 * **温柔的色系，让人无压入眠。**女孩房以粉紫色为主色调，床头板是镂空板搭配紫色烤玻，在床头墙面也漆上女孩最喜爱的色彩，以素材质感展现各种不同的紫色，并在光线的转化下呈现不同的彩度氛围。图片提供 © 沈白空间规划事务所

282

*283

283 * **织品家具布置出清新视野。**女孩房的空间并不大，设计师于是不再做太多木作造型或繁复的花样设计，简单利用单品家具，布置温馨卧房情境，也提供合宜的使用功能；粉色床单搭配质地轻柔的纱质窗帘，在不影响采光的情况下，仍有适度遮蔽效果。图片提供 © 郭璇如室内设计工作室

284 * **改变色彩，让饱满空间更流畅。**空间不是太大，却要满足完整功能性，设计师将重点放在睡眠区，摆上双人床，让睡眠区依然保持自在宽敞，而与床脚比邻的是宽敞的衣柜，让有限的空间一应俱全，仅改变色彩即可带来不一样的视觉感受。图片提供 © 毅颖设计

285 * **编织天真无邪的童话乐章。**如童话故事一般，以淡雅、温馨的淡橙色，保留孩子最纯真的想象，高床设计符合童话模式，并预留第二个孩子的床铺空间，小梯子为活动式，可自由移动。圆形造型天花板当晚上关了灯时，则成了光影穿梭的星空彩绘。图片提供 © 张馨设计

284

285

*286

*287

286 * **浪漫乡村风，我的好生活。**巧妙结合梁柱的白色台板，不管到了几岁，都可以自由摆放、展示女孩的心爱收藏。为了满足女生需要较多的使用功能，设计师选择摆放单人床，将空间划分成休息区、阅读区和穿衣区，让女生使用起来能更加随心所欲。图片提供 © 张馨设计

287 * **夏日防蚊与顾及安全的设计。**女主人对于儿童房有两点特别要求，也就是防蚊与安全。防蚊可交给最好的睡眠帮手——蚊帐。安全则是特别在每扇窗户安装儿童安全锁，并且抹去所有家具的锐角。除此之外，因为小孩睡觉很喜欢翻滚，故特别为孩子预留双人床的空间。图片提供 © 德力设计

288 * **利用窗帘创造隐秘空间。**小孩房的两侧皆有窗户，白天有充足的光线，使全室温暖明亮；夜晚则利用窗帘，降低户外光线的进入，同时也创造出私密的环境，不被外界打扰。地面以栓木地板铺陈，温润的木质色系，为空间增添沉稳气息。图片提供 © 品桢设计

289 * **用创意天花板呈现空间生命力。**方形的房间内，左右两侧皆设计收纳功能柜，空间线条简单而明确，而上方的天花板增加了创意元素，以弧形天花板和挖空的几何图形构成，立即让房间充满了活泼感和生命力。图片提供 © 毅颖设计

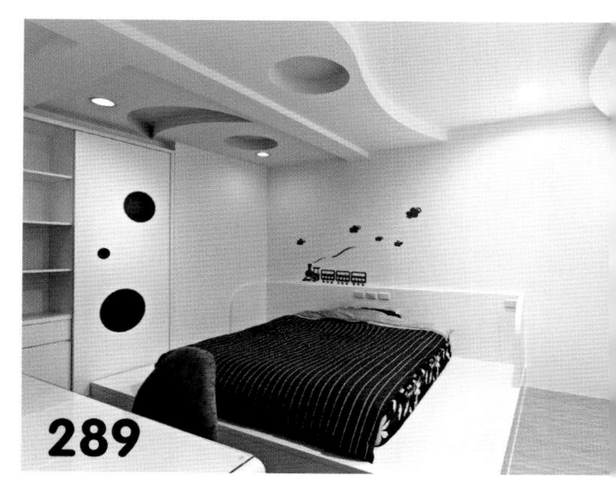

290 * **蕾丝纱帐突显公主房的梦幻感。**女孩房刻意用白锻铁床架与蕾丝纱帐营造梦幻感，搭配蝶古巴特高脚柜加强柔美感。鹅黄带粉红色的小花壁纸与嫩绿色墙面呼应，使卧房纯真不失自然。染深的枫木海岛型地板好清理，也提高空间稳重感，即使女孩年纪渐长也不会觉得幼稚。图片提供 © 采荷设计

291 * **白色基底的柔和梦幻房。**由于屋主的国外观念，特别请设计师打造儿童房，空间保留简单原味，以白色基底带一点淡雅紫色为空间的主色调，让小孩能在柔和氛围中彻底放松身心，未来当孩子长大，只要简单改变色彩即可为空间换上新面貌。图片提供 © 张馨设计

292 * **简单线条带出缤纷层次。**在有限的空间里需容纳两个孩子，设计师舍弃独立床架的做法，改以一体成型的木作平台兼床板替代，无间隔的白色床板不但提高空间使用功能，且让空间因简单线条而提升层次感，避免空间的拥挤杂乱。图片提供 © 毅颍设计

293 * **用紫色与白色营造梦幻甜美。**小女生喜欢紫色，于是在紫红墙色中调入一点灰色，让睡眠环境更沉稳。由于墙色饱和，选用白色、带有彩色小毛球的寝具，搭配质感自然的棉麻帘幔，并以同品牌树形壁贴做造型，让专属天地更舒适。图片提供 © 宽月设计

291

292

293

*294

295

294 * **草绿色与粉红色的轻快协奏。**女孩房用明度高的粉红色作主色，并以环绕手法满足各式功能区域，借由相同高度的空间设置来减少分割线造成的零乱感，也有效地扩大空间感。床尾处的大柱不做包覆，直接涂刷成草绿色，一来可化解突兀感，二来借由色块的分隔也使空间更活泼。图片提供 © 采荷设计

295 * **淡雅粉红色流露甜美气息。**以小女孩喜爱的颜色作为空间主色调，壁面刷上淡雅的粉红色，增添空间的甜美气息。两侧开窗的设计，引进自然光，使整体流露舒适沉稳的氛围。白色床架下方增加储物功能，窗边的宽阔空间可作为小孩游戏的场所。图片提供 © 馥阁设计

296 * **拉门区隔睡眠区与游戏区。**粉色壁纸与家饰的搭配，创造舒适清新的睡眠空间。白色拉门后方为游戏区，利用拉门拉大空间，同时也界定出睡眠区与游戏阅读区，使两个区域既不互相干扰又能互通。图片提供 © 河马家居室内设计

297 * **遮光帘柔化湛蓝色小窝。** 小主人指定使用湛蓝色作为主色调，于是设计师以海洋世界做发想，让小鱼悠游于衣柜上。因床铺紧邻窗边，除使用全遮光卷帘做双层搭配之外，还事先预埋轨道让两旁不会有缝隙透光。子母床设计既方便亲友留宿，也不会占用使用空间。图片提供 © 翎格设计

298 * **落地帘幔圈围安全感。** 小女孩尝试独自睡觉时难免会害怕；于是用棉麻落地帘幔增添浪漫氛围与安全感；床垫铺地可减少小女孩掉落危险。墙面以藕色铺陈，地面则以磐多魔与竹地板共构，希望借由天然素材与柔和却不失稳重的配色，营造最佳的休憩环境。图片提供 © 宽月设计

299 * **浅绿色墙面与天花板共创好眠氛围。**男孩房用浅绿色墙面增加彩度变化，并以天花板充当窗帘盒收边与 L 形间照藏身处，也创造空间向上延伸的视觉感。床尾以两段式悬空柜体减少厚重感，拉长的台面减少了线条分割，搭配吊灯与凹凸明显的门片，令空间更利落大气。图片提供 © 相即设计

300 * **充满童趣的儿童房。**儿童房从壁纸到家具，都选用粉嫩的色彩，满足两个小女孩各自的喜好。再搭配云朵造型天花板，以及小仙女灯饰，营造如童话般的梦幻情境，窗帘选用纱幔材质，半透光的特性，让进入的光线变得更加柔和。图片提供 © 芽米空间设计

301 * **一边烹调一边嬉戏的穿透设计。**这是为女主人量身打造的儿童房，此房以折叠门取代轻隔断，以卧榻取代床架，先以可调整高度的儿童床替代，借此提高空间的使用弹性。女主人不论是在厨房烹煮或是全家用餐时都可很方便地照看孩子。图片提供 © 德力设计

302 * **自然梦幻的卧房。**为了迎合女孩对花朵的喜爱，在柜体上透过圆润线条，展现富童趣味道的花朵，壁面贴上粉色壁纸，还辅以铁件制成的蝴蝶挂饰，让卧房变成既自然又美丽的花花世界。图片提供 © 美丽殿设计

303 * **大开口加强安全感与空间感。**为了训练孩子独自睡眠，刻意将儿童房入口扩大到 135cm，并紧邻父母房；如此一来，大人能随时掌握儿童房的动静，也有助增加孩子安全感。再者，大开口与硬度高、无接缝的磐多魔地板呼应，让整个空间化身为超大的游戏间。图片提供 © 宽月设计

300

*301

*302

*303

304* **我的房间我的最爱。**由于女孩是标准的史奴比（卡通宠物犬）粉丝，热切希望让房间布满了自己钟爱的元素，特别要求设计师在衣柜或是房间整体色调上，都是以最爱的卡通图案去做装饰，回家就能沉浸于心中的童趣世界。图片提供 © 达圆空间设计

305 * **绿墙替儿童房加添自然气息。**儿童房以浅绿色磁性黑板漆塑造清新印象，也预留日后涂鸦园地。搭配瑞典的树形衣帽架，让自然气息更浓厚。米色墙面与地面石英砖呼应，也丰富了房内的色彩。所有家具皆选择无锐角的款式，提高安全性。图片提供 © 宽月设计

306 * **清爽又高度灵活的北欧风格。**针对幼儿园孩子设计的房间，设计上必须具有较大灵活性，因此整体采用北欧风格，以单纯的家具色彩，如木质、白色系，搭配墙面刷漆，令空间清爽舒适又不失活泼感。图片提供 © 玉马门设计

307* **无彩度色系安定心神。**由于此空间作为假日的度假居所，因此减少收纳，着重于睡眠的功能设计。墙面选用淡灰色，中性无彩度的色系有助于安定心神，寝室用品以草绿色点缀，增加空间彩度，带入些许的清新氛围。图片提供 © 品桢设计

308* **畸零空间化身趣味空间。**如何利用畸零空间设计儿童房，此案就是一例。设计师以柜体包覆整个儿童房以争取最大的收纳空间，此外不宜设计成衣柜的畸零空间，则设计成方便孩子收纳玩具的门片型柜体，上方可作为迷你卧榻的游戏与阅读空间。图片提供 © 德力设计

309* **鲜艳色系洋溢青春气息。**儿童房选用天蓝色作为墙面色调，搭配红色台灯与英国国旗抱枕、地毯，高彩度的鲜艳色系更加显现卧室主人的青春个性。上方以嵌灯提供照明，不但能拉高天花板降低空间的压迫感，温和适宜的光线，营造出舒适的睡眠空间。图片提供 © 权释国际设计

*309

310 * **跳色带出儿童房活泼的气质。**女儿房以粉红色为主色调，墙面采用水泥抹墙的工法，刻画出深浅不一的纹路，创造丰富的视觉效果，让空间的个性变得更活泼，家饰的选择也带出了小主人的特质。图片提供 © 墨比雅设计

311 * **调整光线助于入眠。**柜面与墙壁分别使用小女孩喜爱的粉色系统一调性，床架特别选用具有童话氛围的造型，加上装饰台灯，创造如公主房般的梦幻氛围。经过调整的光线，温和不刺眼，有助营造入眠的环境。图片提供 © 品桢设计

312 * **移动式床垫让父母方便陪睡。**孩子还小，睡觉时经常需要父母在旁陪伴，可选择移动式床垫让空间能随时扩大，腾出让父母陪伴孩子的空间；在颜色上，选择舒适、柔和的色调，让小朋友更能安静入睡。图片提供 © 养乐多 _ 木艮

*310

*311

*312

313 **幸运草天花板为儿童房增添趣味。**儿童房以黄色的系统柜门片转换风格调性，以橘色不规则的造型书架让原本白色的墙面有了焦点；天花板以绿色幸运草造型搭配照明，是女屋主最喜欢的图案，也是给孩子们的祝福。图片提供 © 凯里斯图空间设计

313

314

315

314 * **层层光影带出空间叠影变化。**为了给予小孩安定、舒适的休憩空间，色调上以低彩度为主，但为了增添些许变化，融入了灯光设计，除了使用壁灯之外，还特别设计了结合天花板与壁面制成的光影线条，不仅满足空间照明需求，还带出空间利落感。图片提供 © 异凡设计

315 * **为宝宝创造薄荷绿天空。**全白的空间中，特地在婴儿床的上方天花板漆上薄荷绿的颜色，明亮的色系展现空间活力，清新的绿色天空为宝宝打造安眠环境。集层木地板交错的木纹，丰富了空间视觉感。图片提供 © 卖思空间好设计工作室

316 * **运用壁纸与床架改变儿童房的风格。**儿童房喜欢温暖柔和的感觉，设计师运用碎花壁纸作为主墙，并装饰两盏壁灯，搭配白色书桌椅及书柜，书柜门片还嵌着极具乡村风的线板，同时选择绿色床架来搭配，打造一个极有个性的儿童房。图片提供 © 尚展设计

317＊ **沉稳安定的睡眠环境**。将其中一面墙涂上清新的浅蓝色，干净明亮的色系能呈现沉稳舒适的空间。另外，设计师将功能隐藏在细节之中，由于小孩热爱动漫，为了让空间装饰与其兴趣相符，利用透明玻璃，并贴上小孩喜爱的图案。图片提供 © 墨比雅设计

318＊ **荡漾在天空之中**。设计师依照孩子个性设定空间调性，天空蓝属于活泼的妹妹，为了呈现符合空间的油漆刷色，必须先刷一层后，再搭配灯光、阳光的照射进行修改，最后调出最能代表个人特色的色调。图片提供 © 春雨设计

319＊ **开放卧榻的高度扩充性**。因家中孩子尚年幼，目前仍需机动性的看护，故此案采用卧榻方式以便于空间未来的格局改动以及后续扩充。此法不论孩子在哪一个年龄层都可适用。此衣柜采用双面柜设计，三分之一是衣柜，三分之二是厨房的冰箱柜，男女生衣柜设计重点不同，男生多T恤所以需要多点隔板或抽屉，女生则多洋装，因此需要多些吊挂空间。图片提供 © 德力设计

320＊ **蓝白交错带出空间层次**。儿童房壁面以蓝、白色烤漆装点，多层次地展现丰富的空间画面，清新的蓝色符合男孩的青春气息。搭配设计款灯饰，并利用衣柜门搭配上方滑动式轨道收纳管线，让电视可随门片移动而挪移。图片提供 © 天境空间设计

*319

*320

321 * **呈现新古典空间。**延续整体的古典元素，运用线板、绷布及花朵壁纸，让空间多了细腻典雅的气息。同时以粉嫩浅色家饰调节空间色彩，为全室皆白的空间呈现青春的气息。图片提供 © 禾洋室内设计

322 * **温馨可爱的成长空间。**儿童房的主墙使用壁布铺陈，以大地色系底墙和绿色造型图案，让儿童房活泼有型。临窗的床铺能随时眺望窗外美景，架高的地板，划分出睡眠区与阅读区，使两区互不干扰。图片提供 © 乔宇设计

323 * **善用壁纸虚化柱子。**虽然是粉红色的女孩房，却因为壁纸夹杂着银色显得很特别，而且还顺利虚化掉柱子。ㄇ形的白桌子可以移动，既可以当书桌也可以当小吧台，粉红色卧铺既柔软又宽敞，可以招待朋友，下方柜子则具有收纳功能。图片提供 © 艺念集私设计

*321

*322

*323

324 * **无毒建材打造健康居家。**考虑到空间的使用弹性，儿童房皆采用活动式家具的布置手法打造，墙面的壁贴则来自于父母的创意，创造多彩缤纷的童趣空间。全室皆采用无毒环保的绿色建材，打造健康自然的居家环境。图片提供 © 墨比雅设计

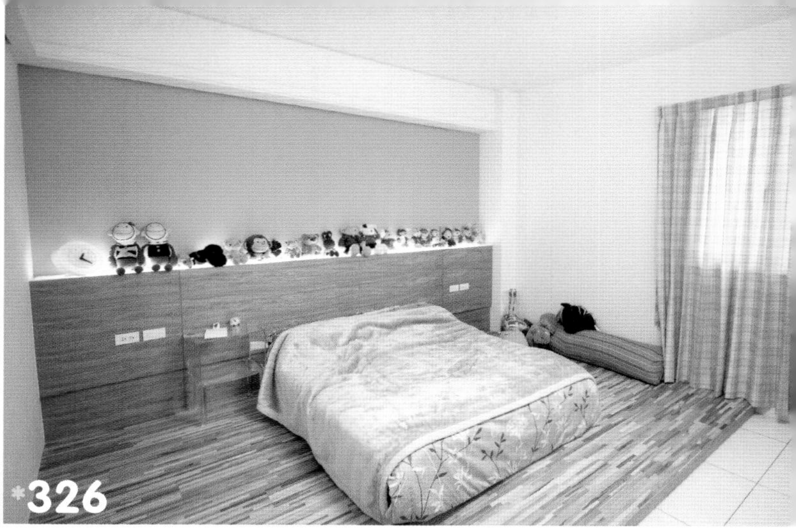

325 * **粉色系营造舒适睡眠区。**整体空间以小女孩喜爱的粉色系铺陈，壁面、家饰的搭配创造一体的空间感。天花板两侧以弧线造型修饰梁柱，并辅以灯光，不仅作为照明也减轻量体的重量。温和的照明设计和粉色系具有安定心神的效果，营造舒适的睡眠空间。图片提供 © 绝享设计

326 * **架高地板增加游戏和阅读空间。**儿童房通过苹果绿主题墙与集层材地板带出活泼气氛，大开窗的设计，不仅满足对阳光的需求，同时也带来全室的明亮。架高地板的通铺设计，不仅考虑到孩子睡眠的安全，也让他多了游戏和阅读的空间。图片提供 © 大山设计

327 * **沉淀情绪的柔和光感。**自然的草绿色搭配柔美的壁纸，成就沉稳浪漫的背景。侧梁运用降低的天花板与间接照明，提供梳妆台足够的光线，却又不会有直射刺眼的问题。床头柜与侧梁有上下呼应的修饰效果，上掀盖方便收纳寝具，并且结合梳妆镜。图片提供 © 春雨设计

*328

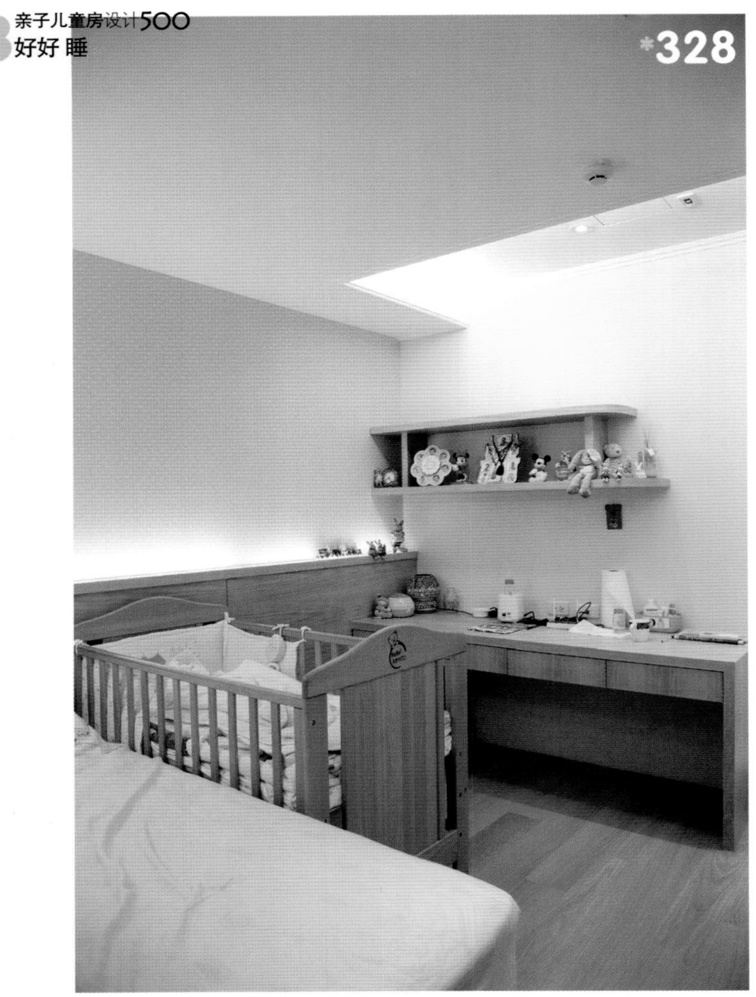

*329

328 * **温暖色系铺陈空间**。由于孩子还幼小，因此将婴儿床留在主卧，方便女主人就近照顾。独立的婴儿床给予宝宝私密的睡眠空间，且也不会影响大人入眠。空间以黄色漆面和壁纸铺陈，带出温暖舒适色调。图片提供 © 大进设计

329 * **窗帘头盖化解空间压迫感**。从格菱纹壁纸、寝具、窗帘等，皆可见粉红、粉绿两色的搭配，营造甜美的美式乡村风。为解决床头梁柱的压迫问题，设计师采用窗帘盒设计，设计出有别于帐篷的头盖。由于空间面积不小，无法单靠吊灯满足照明，因此以局部木作拉宽侧梁，加入间接灯光，一来避免压迫感，二来可以让空间更有层次感，提供阅读照明。图片提供 © 尼奥室内设计

330 * **迎合女孩柔美特质**。考虑到女孩浪漫、天真的个性，空间以粉色系装点，粉色系的造型立面及软件搭配，衬托女孩柔美的生活特质。粉色系的空间再加上温和不刺眼的灯光设计，有助于安定孩子躁动的心情。图片提供 © 梵蒂亚国际

331 * **鲜艳黄色营造出活泼氛围。**由于是作为未来的儿童房，墙面选用较鲜艳的黄色装饰，营造出活泼的气息。窗户下方则为床头柜，未来可将床铺转向，窗户装设遮光窗帘，在夜晚时能有效变为更私密的空间，助于入眠。图片提供 © 馥阁设计

332 * **卧榻加卧床调整空间格局。**由于此儿童房属畸零屋型，因此，设计师特别在卧床区旁加设了卧榻区，提升空间使用功能，同时也调整了空间格局。另外也特别在空间中加入纱幔，让整体更具浪漫气息。图片提供 © 舍子美学设计

*332

*331

333 * **以书桌区隔睡眠空间。**儿童房若太小，又一定得容纳两个孩子，可用书桌区隔两张单人床，让彼此睡眠不会被干扰，同时利用壁纸以及墙面的色彩，让空间感更加活泼，墙面上的阅读灯，满足小朋友睡前阅读的习惯。图片提供_成舍设计

333

334 * **几何线条创造空间视觉焦点。**此房是男孩房，因此在色调上以蓝色系为主，既舒适也符合所需调性。为了让空间产生视觉焦点，设计师特别在天花板以木作线条绕出几何形状，同时还能结合灯箱，在美观之余还能增添实用功能。图片提供 © 舍子美学设计

335 * **添加木的温润，睡得更香甜。**个性阳光的女孩房以淡黄色装点立面，并以架高橡木地板的方式取代传统床座，同时向上延展成为床头背板，加大温润的木质面积，也拉宽睡眠区的范围。对应房门处使用装上铃铛的线帘，为孩子提供安全感，亦增添空间的轻柔调性。图片提供 © 明代设计

336 * **对称设计两两使用刚刚好。**两姐妹共同使用一间房间，为了让空间平均分配，柜体设计尽量都采用对称方式，一人一边且大小一致，各自使用刚刚好，也不用担心物品会摆错位置。图片提供 © 漫舞空间设计

337

339 * **素底壁画预留无穷想象。**小女孩卧房以水泥漆勾勒出孩子喜爱的各种图案，满足孩子天马行空的想象力。素底壁画是仿照着色本概念，希望留给父母跟孩子自行增添色彩与图案的空间。因软体配件缤纷，除太阳造型主灯外，刻意将周围墙面留白以保持空间整洁感。图片提供 © Ai 建筑及室内设计

337 * **采光让小朋友舒适放松。**为了让小孩房拥有最舒服放松的光线，架高房间橡木地板，划分睡眠区，让床铺与地板融为一体。主墙跳色选用女孩喜欢的粉色系，搭配粉色条纹的床头靠垫及窗帘，有着点缀与柔化睡眠空间的作用。图片提供 © 明代设计

338 * **简约空间以床架点出卧房主题。**为小宝宝预留的卧房空间，延续妈妈喜爱的轻古典风格，以纯白的基底，辅以间接灯光营造睡眠所需的柔和氛围，以铁制床架轻点空间主题。图片提供 © 顽渼空间设计

*340

*341

340 * **床位转向的灵活设计**。男主人坚持给每个孩子一间独立的空间，对此，设计师为屋主量身打造适合小孩的收纳，衣柜内另嵌入一组迷你梳妆台，也可作为书桌使用。因空间有限，设计师以悬空的床架解决空间过于拥挤的问题，两侧壁面安装茶镜让空间得以放大。图片提供 © 德力设计

341 * **以床顶蓬创造梦幻童话空间**。此处选用小女生普遍喜爱的桃红色作为空间主色调，搭配纯白家具，再加上粉红色地毯与宝蓝色摆饰收纳品做点缀，让空间有缤纷感但不让人感到躁动；薄布料制成的床顶篷为孩子创造出另一个私密空间，同时为空间带来梦幻童话感。摄影 © Amily　空间设计 © IKEA

342 * **乘着梦想入眠**。天花板选用蓝天白云图案的壁纸，搭配飞机造型灯具与浅蓝色寝具，迎合小男孩想翱翔天际的梦想。另一方面，考虑到安全与隔音问题，地板特别选用气垫木地板，具有缓冲特性，就不怕小朋友跑来跑去不小心摔倒了。图片提供 © 权释国际设计

342

343 * **鲜艳色系、少灰尘的健康儿童房。** 儿童房以鲜艳、清亮的色系为主，柜体全白、墙面则以自然色系来营造。为避免小孩对空气灰尘的过敏，窗户特别使用好清理、不太沾灰尘的卷帘，提供小朋友健康呼吸的成长环境。图片提供 © 漫舞空间设计

344 * **让孩子选择自己的风格。** 多半小孩房的风格都是由父母决定，设计师建议，其实父母也可以与小孩商量喜欢什么风格，除了可培养孩子的自主性，也尊重孩子的选择。图片提供 © EASY DECO 艺珂设计

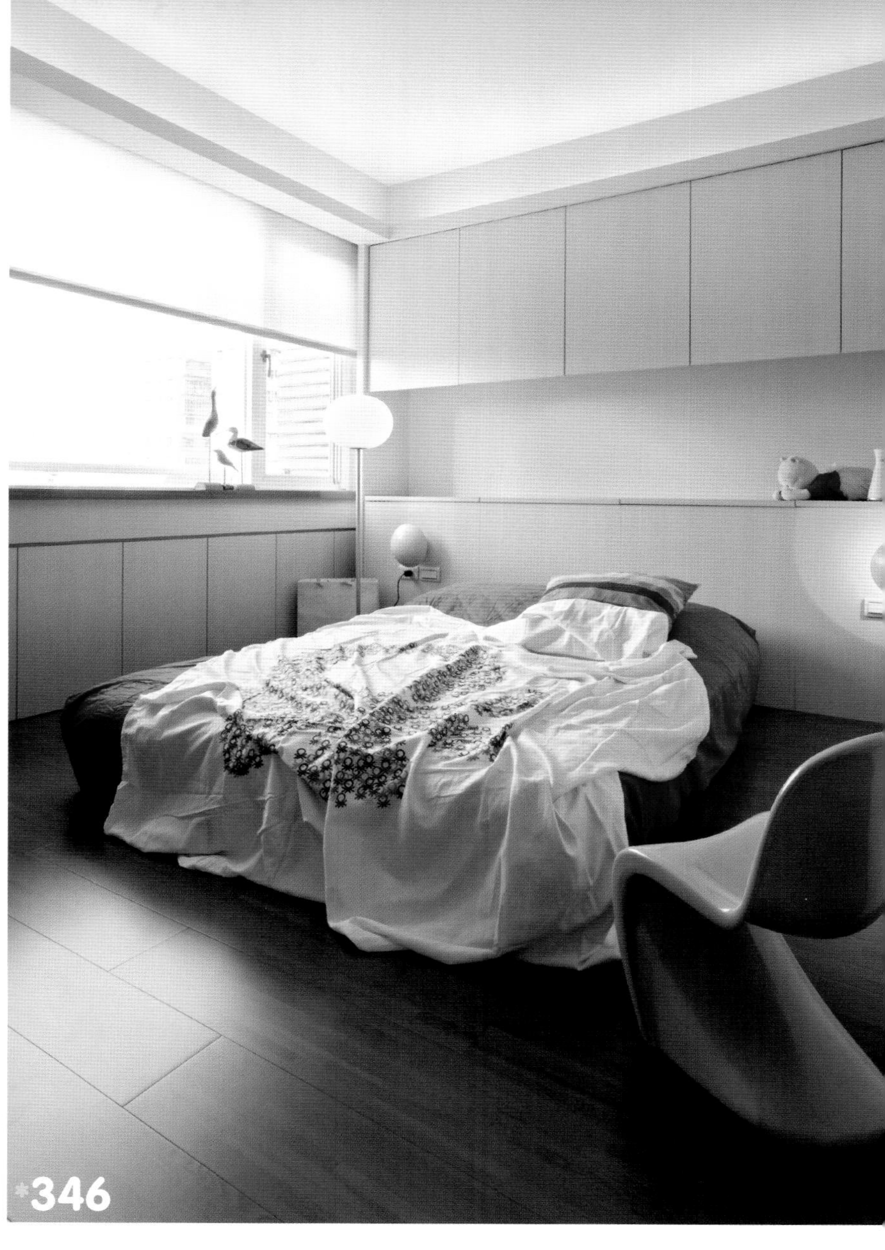

345 * **伸缩床最适合小面积空间。**由于室内只有7m²，想要挤下两张单人床或是一张双人床都很困难，为了让两姐妹可以同住在一个房间，设计师特别选择了可上下伸缩的儿童床，中间还隐藏了伸缩书桌，可以满足小孩念书与写功课的需求。摄影 © 周祯和

346 * **多功能的灯光设计。**柔和又多变的灯光设计，巧妙搭配直接与间接光源，满足空间的照明需求，塑造出一室休闲的氛围。除此之外，设计师还考虑到睡眠以及夜灯的功能，巧妙地利用立灯与可转动的壁灯创造出舒适的睡眠环境。图片提供 © 德力设计

*347

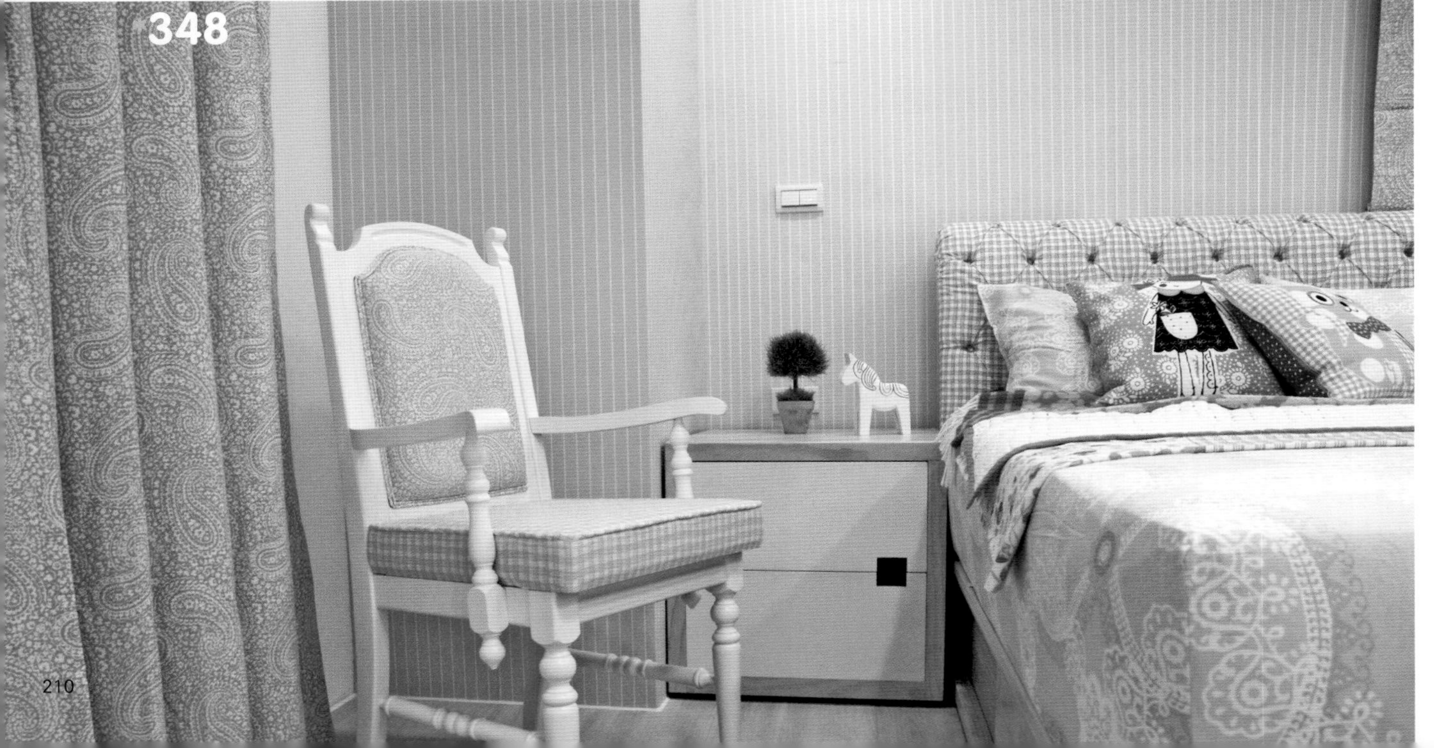

*348

347 * **明亮的粉蓝色气球小孩房。**为了替小孩量身打造出截然不同的卧房风格，大量使用了粉蓝色搭配木色，创造宜人的自然情境，并带有开朗活泼的气氛，不止具有镇定及舒眠效果，连墙上的灯饰也是蓝色的气球造型，搭配气球壁画及蓝色柜体，呈现清爽又明亮的卧室气氛。图片提供 © 摩登雅舍室内装修

348 * **个性化女孩房设计。**女孩房的设计，以淡雅的粉色系为主，以浅蓝色的壁纸铺陈卧房主墙，粉色的造型床头与绿色窗帘形成对比，再辅以缤纷图案的抱枕作为点缀，具个性化的设计让居家生活更添个人特色。图片提供 © 帅斯家饰企业

349 * **为小孩设计的主卧空间。**卧床以通铺的概念设计，双人床垫搭配两张单人床的方式拼凑睡眠区，全家四人可以一起睡在此处，让亲子共享睡前的伴读时光。刻意选择的造型吊灯，也满足小孩的好奇心与想象力，再辅以壁贴点缀，呈现充满童趣的空间。图片提供 © 漫舞空间设计

*349

350 * **柔化锐角，让视觉更舒服。**顶梁给人的压迫感往往不在于梁的厚度，而是梁的尖角，本案顶梁以假梁方式做收圆处理，削弱梁柱的锐利感，也可兼埋冷气管。刻意将天花板与梁柱拉齐，增加空间对称性，也划出窗边休憩区，作为喝茶聊天的地方。图片提供 © 尼奥室内设计

351 * **活动式上下床铺满足暂时性使用。**两人一起共用的儿童房，可采购活动式上下床铺，临时性收纳架与收纳家具，并沿着窗台区设计一字形收纳矮柜，在书桌上方设计一排吊柜，满足收纳，等小孩长大后，硬体柜依旧可以使用，仅需更换床具与书桌，或者调整卧房格局即可。图片提供 © 元爵设计

352 * **间接灯光满足照明需求。**面积小的房子，儿童房自然也不会太大，室内的空间有限，又有大梁压顶，要如何化解呢？设计师除了遮梁，还装设间接照明，天花板做到一半，保留另一半挑高的空间，让卧房不会显得过于压迫。图片提供 © 禾筑设计

353 * **以长久使用思考的中性配色。**考虑到长远的空间使用性，虽然床头板仍有为小朋友特别设计的可爱口袋造型，但是在整体配色上仍以耐看的中性色为主。非固定式的床铺方便将来房间变更为单人房使用。图片提供 © 珥本空间设计

354 * **打造轻松休闲的生活场景。**希望儿童房只作为简单的睡眠和休息空间，除了柔软的双人床外，在窗边另外设计一小块卧榻区，作为日常休闲区；并在灯光设计上，刻意避免灯光直射床头，降低灯光对睡眠的干扰性。图片提供 © 郭璇如室内设计工作室

355 * **公主帐篷式的女儿房。**用纱帘为睡眠区制造隐秘性，将衣柜设置在另一侧，加上床前小块地毯与懒人椅，为女儿打造一个私密的浪漫小天地。墙壁上的花朵壁纸为空间增添活泼感，配上粉红色寝具俨然成为梦幻中的公主房，是许多小女孩的最爱。图片提供 © 城市设计

356 * **为 0 到 3 岁小孩准备的大房间。**年龄较小的小朋友，为了方便家长照顾，同时让孩子学习爬行，适合采用单一床垫，不需要再另外设置床架，高度刚适合，宽敞的床铺也可在上头玩耍，设计师在床铺边缘加上软垫条，也是怕孩子翻身时掉下床，宽敞的卧房空间留给他玩耍，大书桌是为将来准备的。图片提供 © 权释国际设计

354

*355

356

357* **回归简单舒适的睡眠功能。**简单的儿童房通过功能完整的儿童收纳柜解决需求问题，因此让睡眠区回归简单与舒适，通过上下铺的设计，让两个小孩都能适得其所，并增进小孩间的情感。图片提供 © 摩登雅舍室内装修

358* **方格展示柜帮助孩子学习收纳。**在上下两层的床铺设计中，最担心的是收纳空间不足，因此，特别在下铺母子床旁设置了大小不一的方格展示柜，充分利用空间，还可训练小朋友分类与收纳物品。另外一旁通往上铺的阶梯，也是一种收纳柜，掀开楼梯板就可放置小朋友的杂物或玩具，既方便又不占空间。图片提供 © 漫舞空间设计

359* **与户外连接的女儿房。**运用壁纸与寝具的搭配，以活动式家具作为收纳使用，最特别的是空间与户外连接，拥有小庭院的卧房，可以让小朋友在阳光下尽情玩耍。女儿房靠近父母的主卧房，方便父母就近照顾小孩。图片提供 © 禾筑设计

360* **复古设计呈现宁静氛围。**造型质朴的实木床架及床头柜，还有粉刷的复古痕迹，配合图案典雅的绿色壁纸、较浅色的木地板，呈现出宁静的氛围。窗户除了装设百叶，还搭配罗马卷帘，既保留了光线也顾及隐私。图片提供 © 成舍设计

*357

*358

*359 *360

361 * **结合通铺与软垫，让孩子更安全、更舒适。** 为了避免床架过高，造成小孩翻落的意外，小孩的房间以通铺的方式设计。床下铺着软垫，还可以作为舒适安全的亲子房。大开窗的设计，引入午后的阳光，创造舒适的休憩空间。图片提供 © 权释国际设计

362 * **采光通风营造睡眠气氛。** 善用空间原有开窗，并以间接照明营造睡眠气氛。男孩有收集公仔等小物品的习惯，于是在床头设置了各式方形的框架，颜色采用蓝、灰、白、银，可以相互调和。图片提供 © 艺念集私设计

361

*362

*363

363* **舒适清爽自然好眠。**大型书柜设计开放式与隐藏式收纳，搭配烤白漆橡木与磨砂玻璃门片，展现柜体的轻盈质感与多种面貌。主墙以清新的绿色与浅色木纹做搭配，并另外利用铁件设计曲线造型，丰富略显单调的墙面，同时也兼具展示饰品的功能。图片提供 © 馥宇空间设计

364* **采用局部夹层的设计，让空间宽敞又具实用性。**虽然空间仅有 2.8m 的高度，并不算太高，但小朋友一心希望卧房能有自己的小夹层，设计师于是利用局部夹层的手法，保留主要动线、床铺和书桌上方的空间，让空间仍可保持舒适的使用高度，同时满足小主人的期待。图片提供 © 橙白设计

365* **拉门打造空间的自由弹性。**因空间仅有 $33m^2$，设计师以儿童房为中心，连接主卧和浴室，并在主卧房和儿童房之间，利用拉门尽量保持空间的开放和弹性，等小朋友入睡后，只要将拉门拉上，父母依然能拥有完整的独立空间。图片提供 © KC Design Studio

364

365

366

366 * **中性色彩让用途不受限。**由于屋主两个孩子还较小，两间卧房设计为共用的卧房与游戏室。考虑日后空间要能符合男孩、女孩使用，房间色彩采用鹅黄、绿色等中性色，搭配有趣的壁贴和活动式家具，加强儿童房的使用弹性。图片提供 © 春雨设计

367 * **打造粉色系的自然风卧房。**美式乡村风的居家，儿童房以粉色系作为壁纸的选色，通过白、粉紫、粉绿等色的搭配，交织出充满童趣的幻想世界。房间的大面窗加上纱帘，保持良好的采光，同时让光线更加柔和，让窗边软垫卧榻也成为舒适的休憩区。图片提供 © 春雨设计

*368

368＊ **用家具来展现儿童房风格。**由于孩子还小，空间风格就由父母决定，将来等小孩大了，就由孩子自己决定，为了保持空间的变化弹性，设计师选择用家具来展现风格，并与家里其他空间的风格整合，古典风的五斗柜搭配镜架，营造出极具个性的空间风格。图片提供 © 尚展设计

369＊ **半开半闭的儿童房设计。**紧邻厨房的房间是预设的儿童房，为了让母亲可以查看睡房内孩子的作息，设计师以强化透明玻璃搭配木作滑门以及窗帘，替代不透光的轻隔断，如此让儿童房的光线得以进入相对较暗的厨房，同时也方便女主人提醒小朋友起床与上学。图片提供 © 德力设计

370＊ **间接光源设计隐藏大梁。**由于空间面积较小，书桌、衣柜及床铺紧邻配置，以发挥空间最大效率，而适合摆放床铺的位置上方又有大梁，因此设计师以斜面间接光源修饰天花板，一方面保留天花板高度，另一方面还可以巧妙地隐藏大梁。图片提供 © 珥本空间设计

*371
*372

*373

*374

371 + 372 * **依年龄需求设计的女儿房。**由于屋主的小孩还在上小学，设计师特别选择粉色系的系统家具，并在入门处配置了磁性漆与烤漆玻璃的留言板与涂鸦墙。由于小朋友喜欢画画，因此烤漆玻璃涂鸦墙的范围还比磁性漆留言板大一点，为了减少空间压迫感，书桌旁还设计了吊柜式收纳。至于单人床则设置在墙边，不仅可以让空间更开阔也更具安全感。图片提供 © 漫舞空间设计

373 * **单纯的睡眠功能。**采用柔和色系搭配条纹与大花纹壁纸，为男孩房注入温暖气息。舍去多余家具与繁杂设计，让小孩卧房回归单纯的睡眠功能。图片提供 © 艺念集私设计

374 * **为小孩留一盏可供阅读的夜灯。**灯光的设计也是儿童房的重点，尤其是结合阅读功能的儿童房，更要注意灯光的亮度，设计师在床头设计一条光带，可供睡前阅读也可作为夜灯，让小孩晚上起床时较有安全感。图片提供 © 艺念集私设计

375 * **更具弹性功能的儿童房。**儿童房采用卧铺式的设计，可选择加上床垫或是直接铺床。并以架高木地板，划分出了书房与收纳空间，旁边是书柜，设计师特别设计了抽拉式书桌，使用起来更为方便，书柜对面则用磁性漆与烤漆玻璃作为留言板与涂鸦墙。图片提供 © 漫舞空间设计

*375

让孩子自学收纳的亲子儿童房设计

以收纳为重点的亲子儿童房设计，

让孩子可以养成收纳好习惯的设计。

*376

377
RACING CARS
RACING CARS
RACING CARS
RACING CARS
RACING CARS
RACING CARS

376 * **系统柜不浪费空间**。小房间如果硬要再摆张床只会让空间更小，尤其又有根大柱子时。利用系统柜定做较低矮的床架，再顺着柱子设计书柜及大抽屉，位置把握得刚刚好，不浪费有限的空间。床头床尾两个长扁形的台面，也有置物、摆饰的功能。图片提供 © 成舍设计

377 * **卡通窗帘呼应收藏**。四五岁的小男孩大都喜欢收集各式玩具车，以天空蓝与纯洁白作为男孩房的主要空间色调，选用汽车卡通图案的活动窗帘，呼应入门处透明玻璃层板上展示的各类玩具车。随着年龄的增长，只要更换窗帘及层板展示物，就能打造另一种风格。图片提供 © 明楼室内设计装修

378 * **一面墙满足多样收纳需求**。将儿童房配置在采光最佳的位置，主墙面以床为中心，左右为大型柜体，将收纳在一个立面上完成。左侧是开放柜格，结合抽屉方便收纳图书与文具；右侧则是衣柜，内嵌式把手可让整体立面更平整。房间采用穿透式隔断加上拉帘，平时可为室内补光，父母也能很方便地看见孩子的活动情况。图片提供 © 演拓设计

379 * **书柜当墙另类展示**。顺着床头的墙壁设计了整面的书柜，里面摆着形形色色的书籍，变成了另类的展示柜；由于书柜就在床边，特意不装门片让它比较没有压迫感。面对床的柱子上挂了等宽的液晶电视，坐在床上看电视的距离刚刚好。图片提供 © 成舍设计

*380

*381

380＊ **三层收纳有条有理**。小孩子长得很快，衣服数量非常惊人，小孩的衣服都不会太长，把衣柜空间分成三层，上方两层吊挂衣物，最下方的那层放五斗柜。更衣室装设全身镜，到孩子上大学时都还可以用。图片提供 © 艺念集私设计

381＊ **一墙两用双边收纳**。房间采光相当好，小朋友的唯一要求就是墙面要绿色。但整片的绿太强烈，于是设计师利用不同颜色搭配，连窗帘都是采用接布设计的。床头大片的绿色背板后面是隔壁主卧的电视墙，小孩房这面则利用墙面的两边设置收纳柜，一墙两用。图片提供 © 艺念集私设计

382＊ **造型家具活泼有弹性**。落地衣柜采用加深勾缝的设计手法，但简化了繁复的线条使场域清爽。选择活动式的塑料蜂巢柜来做收纳，独特造型搭配鲜艳地毯，即使是白底空间一样充满天真童趣。图片提供 © 奇逸设计

383 * **随时陪伴的开放布偶展示柜。**小女生睡觉总希望有人陪，或是有玩偶做伴才会有安全感，因此设计师除了在主墙上为女孩彩绘出三个小女生，作为陪伴她的好朋友，并在床头及床尾都安排了开放式的布偶玩具展示柜，除了能摆放小女生的布偶收藏，也方便她拿取，随时陪伴她睡觉。空间设计暨图片提供 © 摩登雅舍室内装修

384 * **墨镜门板有时尚感。**挑高而设计的夹层故意不做满，而且采用玻璃当护栏让空间具有穿透感，绿色的衣柜采用墨镜作为门板非常时尚。下层分隔成小客厅与阅读区，L 形桌子既是书桌也可以作为化妆台，窗帘用大红色、米白色、咖啡色相间的粗条纹，展现活泼。图片提供 © 艺念集私设计

*383

*384

385＊ **结合两种形式收纳柜方便好整理。**收纳柜与床架皆以方便的系统柜制成，并且结合开放与封闭两种不同形式的收纳柜，不但方便常用物品的取用，同时又可以收纳较为零碎且不常使用的物品。图片提供 © 优向室内装修设计

386＊ **善用灯光营造时尚感。**13 岁的小朋友有时非常有主见，当她提出房间要以蓝色与紫色为主时，让父母伤透脑筋；设计师利用可以协调两种颜色的壁纸，总算满足了两代人。柜子中间一排的内部则涂上蓝色再打灯，变成展示柜，让平凡的收纳柜也极具时尚感。图片提供 © 艺念集私设计

387＊ **超强收纳兼避忌讳。**小朋友总是会长大的，在设计时就必须考虑到此类问题。刚好塞满靠窗空间的床架上现在是小型的床垫，再不久就要换成成人床垫了！床架分别设置了抽屉式及上掀式的收纳空间，让小房间也能拥有充足的收纳空间。梁下做了扁形置物架，避开梁压床的忌讳。图片提供 © 成舍设计

388＊ **层板化身玩具车库。**有小朋友的家大概都快被玩具淹没了，其实只要有简单的棚架就能教小朋友自己收拾好玩具。在客厅兼游戏区的一角靠着柱子钉上几个层板，再用小木条当车挡，玩具车摇身一变成为摆饰，最下层则是小朋友的“新欢”，玩够了它就自动归位了。图片提供 © 非关设计

389＊ **有趣又多功能的收纳设计。**简洁明亮又清爽的粉色系儿童房看似简单，却设计了有趣的收纳，包含花草蝴蝶彩绘主墙面两侧的假柱，类似拱窗效果的开放式收纳设计，可摆放小朋友的布偶及童书，而角落窗下的法式乡村大肚三斗柜，正好符合小朋友的高度，可收纳小孩衣物及杂物，十分方便。图片提供 © 摩登雅舍室内装修

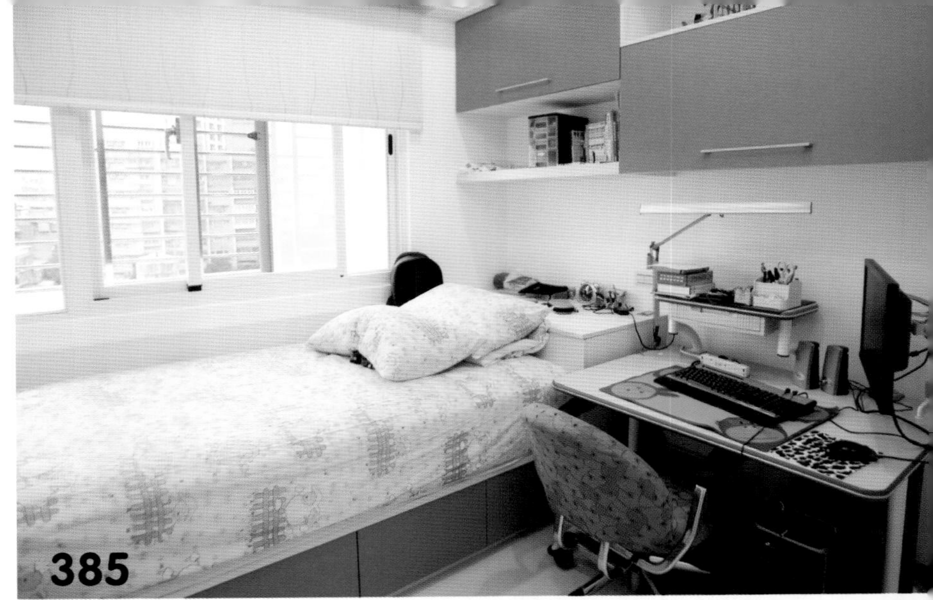
385

386

*387

*388

*389

390＊ **绷皮背板巧做收纳。**标准的棒球迷男孩房，一张纽约洋基队的地垫成了视觉焦点，11岁的小男孩房间相当整齐是因为他拥有超大的收纳空间，为了避开梁而设计的床头绷皮背板后其实是超大的收纳空间，每块绷皮以及上方都是门片，可以掀开。图片提供 © 艺念集私设计

391＊ **木头框架装饰墙面。**集睡觉、阅读、练琴三种功能于一间的小孩房，以木作的家具串联各功能区。大小不一、有长有方的木头框架与书柜、床头柜，既可以摆设各式玩偶，也有装饰空白墙面的效果，感觉相当有质感，也为素净的房间增添了一些色彩。图片提供 © 成舍设计

392＊ **阅读区靠窗规划整排收纳柜。**设计师将儿童房清楚地划分为两个区域，包含单纯的睡眠区及靠窗的阅读区。阅读区除了收纳柜可摆放书籍、文具，侧边还规划了一整排的掀盖式收纳区，巧妙运用窗下与角落梁柱间的畸零空间，整排的收纳柜更是满足了换季衣物、棉被及杂物的收纳需求，也让使用动线更流畅。图片提供 © 摩登雅舍室内装修

*391

*392

393

393 + 394 * **专属小朋友的多功能收纳衣柜。**特别为小朋友设计的多功能收纳衣柜，除了可以收纳小朋友所有的衣物，还特别设计抽拉式的把手轨道柜体，并将内部设计成最适合收纳小朋友衣物的大小及高度，不但不会浪费空间，也方便小朋友拿取，上下层吊杆设计，让小孩从小就学习收纳。图片提供 © 摩登雅舍室内装修

395 * **分区规划书籍及玩具收纳。**简洁的白色空间，展现儿童房的明亮清爽，侧墙规划整面的收纳衣柜可以摆放衣物及小孩寝具、杂物，衣柜靠窗处特别留了一个开放式童书柜，方便小孩拿取书籍。角落的两个玩具收纳篮，方便小朋友拿取玩具，又可使他们养成收纳习惯，床下还可以摆置小孩的滑板。空间设计暨图片提供 © TG-STUDIO

394

395

396* **不同柜面设计使用更方便。**儿童房空间不大，因此收纳柜体紧邻床铺设计，为了让使用时能更加流畅与方便，在柜体门片设计上，依照格局做不同方向的开关处理，同时也搭配拉门设计，不占空间操作上也更方便。图片提供 © 舍子美学设计

397* **不同柜体设计让孩子学习收纳。**儿童房的柜体除了设有隐藏式收纳柜，还规划了格层式与台面式的展示柜，同时一旁还摆放了玩具箱，试图借由不同的置物设计，让孩子学习不同物品的分类与收纳方法。图片提供 © 芽米空间设计

398* **温馨且功能强大的收纳柜。**温馨清爽的女孩房床组的床头收纳柜，可收纳换季衣物及棉被，两侧床头摆设抽屉柜，再加上窗边书桌的抽屉柜，可摆放书籍、杂物。主墙面使用碎花壁纸，并搭配花朵布窗帘及寝具，无论家具饰品还是布艺，都带有温馨的气息，呈现法式乡村风情。图片提供 © 摩登雅舍室内装修

399* **女孩最爱的粉红、白色配衣柜。**一进门就知道这是个女孩房，从头到尾的粉红色，搭配白色调，表现出柔美可爱的氛围，除了睡眠区的粉红花朵窗帘、粉红爱心寝具及白色纱幔，连角落两个儿童专属衣柜都是粉红、白色配，加上波浪曲线造型、儿童高度及抽屉式门柜，让小朋友使用更方便。图片提供 © 摩登雅舍室内装修

*397
*398
*399

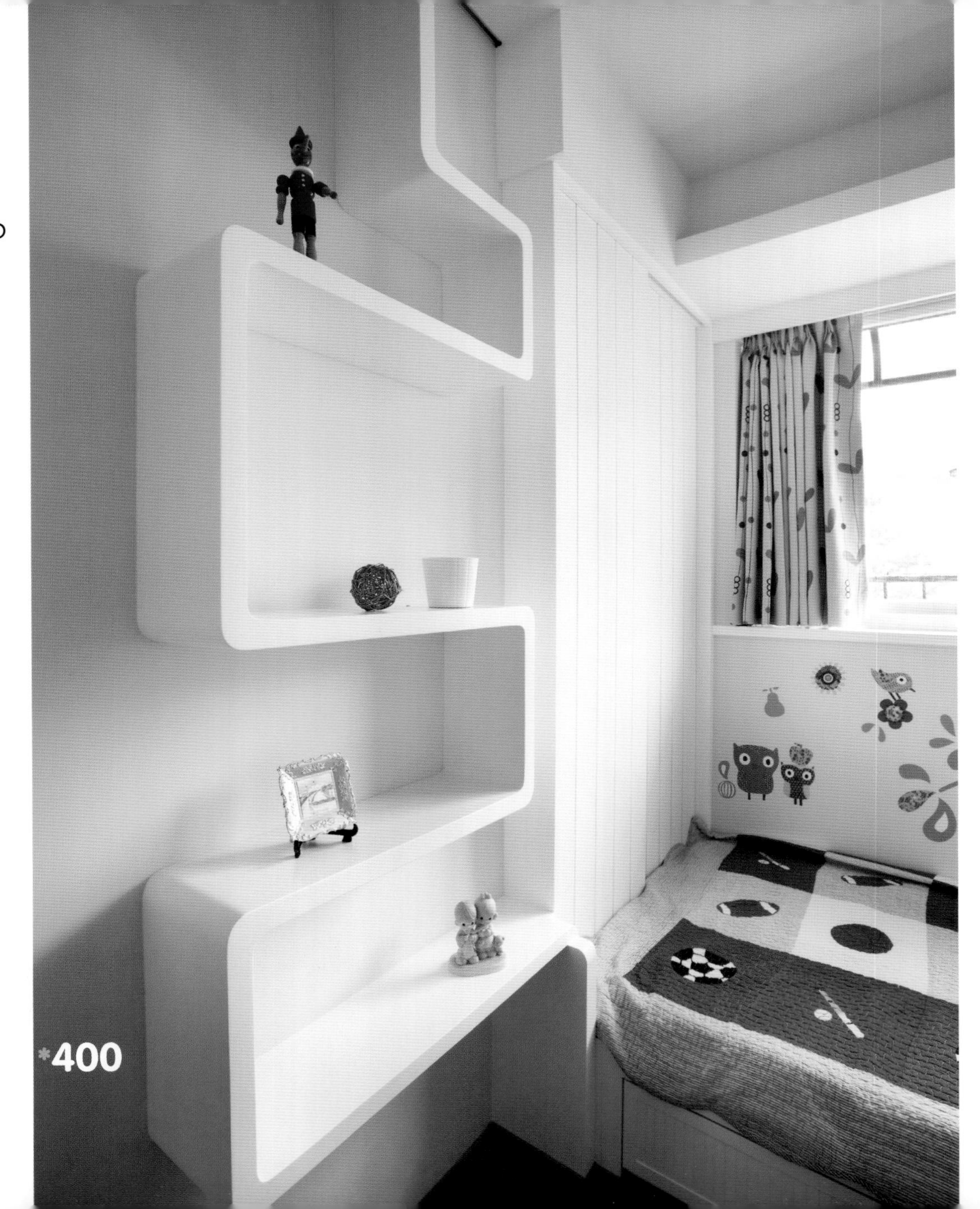
*400

400＊ **活灵活现的各式收纳设计。**儿童房收纳要到位，但却又限于面积不大，这时就要交叉运用各种收纳方式，便能获得改善。左边以线条创造出几何形状，可作为收藏品展示区，右边则是带拉门设计的置物柜，有效增加收纳空间，开启时也无须担心使用上的不方便。图片提供 © 舍子美学设计

401＊ **分门别类的 L 形收纳柜。**大型的儿童专属游戏室，将所有小孩的物件分区域摆放，设计出 L 形多功能收纳柜，包含大面积的童书柜，除了可摆放不同年龄阶段的套书，中间四个特别的圆筒设计，可摆放小孩的大型绒毛玩偶，另一侧窗下平台下是小开本童书陈列区，平台上还可放玩具及收藏品。图片提供 © 筑青室内装修有限公司

402＊ **展示型收纳既美观又不占空间。**儿童房面积不大却又要功能齐全，此时在收纳上可以试着利用展示型设计，提升置物功能，向上发展既不影响空间，小朋友的收藏品也得以展示摆放，更重要的是还能美化整体环境。图片提供 © 舍子美学设计

403＊ **专为小孩摆设的乡村风衣柜。**为了让小孩也有属于自己的独立空间，以印花壁纸及粉色碎花传达法式乡村味道，呼应整体柔美粉嫩的色调，特别摆放白色乡村风衣柜及五斗柜，高度及大小都是针对小孩的衣物设计，让小朋友可以学习自己管理衣物，从小就养成收纳好习惯。图片提供 © 摩登雅舍室内装修

404 * **专为小朋友设计的展示书柜。**小孩房以粉色系作为空间主色，展现儿童房的简单清爽，床头柜结合开放展示的造型书柜，呼应另一侧角落的玩具展示柜，高度及动线是专为小朋友设计的，方便小朋友拿取书籍。图片提供 © 摩登雅舍室内装修

405 * **收纳盒结合系统柜养成好习惯。**以收纳盒结合系统柜，不同玩具可以用颜色区分，让小朋友养成收纳好习惯；地板采用超耐磨地板铺设，耐用又方便清洁，让小男孩可以在地板上尽情玩耍、画画。图片提供 © 耀昀创意设计

406 * **架高床铺一室三用。**$14m^2$ 大的房间要有床铺、书房与更衣室，简直是不可能的任务。幸好这个房间的高度有 3.6m，于是把床拉高，利用下方的空间做出两层柜子，一个衣柜一个书柜，还有全身镜，设计滑轮方便移动，而每个阶梯也都是收纳空间。图片提供 © 艺念集私设计

407 * **米老鼠造型柜体更添童趣**。儿童房空间中的柜体以小朋友喜欢的粉红色为主，设计师在门片上特别设计挖空的米老鼠图案，并用白色系统板做底，除了为空间增添童趣感外，也能提高小朋友自主收纳的意愿。图片提供 © 芽米空间设计

408* **大型衣柜及开放层架的共存。**为了让视觉与收纳达到平衡，儿童房的衣柜不做满，内部预先设置好吊衣杆的洞孔位置，满足孩子不同阶段所需的高度调整；靠近房门的一侧设计吊柜与开放板，搭配错落的抽屉，让玩具好收也好拿，并以不同色彩打造孩子的天地。图片提供 © 禾筑设计

409* **可学习涂鸦与收纳的游戏区。**用架高的烟熏橡木地板区隔空间，划分为休闲区及孩子们的游戏区，利用磁性烤漆玻璃作为储藏空间的门片，柜内为收纳盒量身定做的沟槽，让小朋友也可以轻松抽取，养成收纳的习惯，当门片关起时，整面烤漆玻璃墙又成为最佳的涂鸦环境。图片提供 © 明代设计

410* **不占用使用空间的收纳设计。**通常儿童房的设计尽量以活动式家具为主，固定量体则以衣橱、书柜为主，增加空间的使用弹性。让衣柜与墙齐平，创造宽敞舒适的空间，再利用墙柱及衣柜的间差设置展示层架与书柜。图片提供 © 齐舍设计事务所

411* **逗趣可爱的米老鼠收纳柜。**镜子与收纳柜特别设计成米老鼠造型，风格一致，也美化了空间。造型主墙以挖空手法，表现出米老鼠造型，兼具展示效果，既可作为收纳之用，又有助于提高小朋友学习收纳、分类物品的极积性。图片提供 © 典藏生活室内装修设计

*409

*410

*411

412

413

412＊ **卧榻底下的隐形长抽屉。**九岁小女生的房间采用卧榻式设计，床榻垂直延伸为主墙壁板，并以壁纸、湖水绿墙面增添甜美氛围。卧榻下方为三段轨道制的加长型抽屉，深约 80cm，可用来收纳备用寝具或冬季衣物；而衣柜结合抽斗柜、层板等，层板具床头柜功能，可随手放置床边故事本。图片提供 © 尼奥室内设计

413＊ **横向柜体延展空间视觉。**为了串联卧房与阳台，将睡眠区以橡木地板进行架高，刻意让室内外同等高度，无形中拓展房间范围。下方挑空的衣柜呈现轻盈感，并与书桌横向延展，拉宽房间尺度，利用转角设计置物层板，既新增收纳空间也丰富空间层次感。图片提供 © 明代设计

414＊ **用柜体弱化梁的存在亦满足收纳。**一开始是为了避开床身与床头压梁的风水禁忌，并利用各种不同的柜体设计丰富房间表情。床上方通过一整排线性分割的开放式书架化解梁的存在，床头另以上掀柜削减吊柜的压迫感；侧边的吊柜与梁齐平，下半部以开放式层架跟床边置物箱增加通透性及实用性。图片提供 © 禾筑设计

415 * **梁下空间连续的收纳设计。**夹层上方的小孩房，因一侧墙面有大梁通过，让整体空间感相当压迫，设计师利用梁下空间设计对开、拉抽、上掀等不同形式的衣物收纳柜，削弱梁体存在感，高度上也方便小孩拿取衣物。靠窗边则采用上掀式处理，预留作为床头板，也是摆饰平台，将来作为床架摆放位置。图片提供 © 大雄设计

416 * **考虑到未来的收纳设计。**缩短床与地面距离，考虑到孩子的安全与健康，铺上具有保暖功能的软木地板。当孩子渐渐长大后，只要在预留的床头位置放上普通床架，立即转变成较为成熟的少年房，沿着墙面规划了收纳空间，不仅满足以后大量的收纳也满足现阶段玩具整理需求。图片提供 © 上阳设计 SunIDEA

417 * **隐藏的阅读与收纳功能。**利用地板架高40cm来增加底部收纳，在空间不足的情况下往下争取，同时满足孩子对睡眠与游戏空间的需求。采取全室架高的手法，避免了局部架高造成空间的破碎感。柱跟墙的畸零空间设计开放书柜，亦在临窗处设置手动桌面，将孩子所需的书桌与书柜功能全方位整合在一起。图片提供 © 禾筑设计

418 * **把收纳变得更有趣。**以简单的白色做底色，床头后方的收纳柜以跳色手法增添活泼感，门片及把手利用拼图造型丰富空间变化感；围绕着床的上掀式收纳柜，则可大量收纳小朋友珍藏的漫画书。隐藏、展示收纳的综合运用，不仅便于使用，也让孩子学会如何维持空间的整洁。图片提供 © 权释国际设计

*416

*417

*418

419

419 * **一面墙满足各种收纳。**利用小碎花壁纸、垂挂的纱帐营造浪漫气氛，空间不大的儿童房，以白色系统柜配合整体浪漫的氛围，打造兼具收纳与书桌的多功能墙面，沿窗设置坐卧区，除了可摆放孩子心爱的玩偶，也可坐在这里阅读、看看风景，下方则是充足的收纳空间。图片提供 © 权释国际设计

420 * **用活动式家具完成收纳配置。**儿童房设计思考至少要以五年为基准，为了孩子成长的需求，空间主要以活动式家具、造型灯具与窗帘等元素打造，完成活泼可爱的风格。考虑近期内房间兼当游戏间使用，因此选择结合抽屉的床具，可作为玩具收纳，床旁的小斗柜则用来收纳小衣物。图片提供 © 尼奥室内设计

421 * **收整墙面让收纳与墙面更平整。**女孩房以白色搭配粉红色让空间更显活泼，另外配上可爱造型床头板及粉色系寝具，这里是小女生专属的粉红色梦幻空间。收纳上顾及孩子的物品会愈来愈多，以顶天衣柜及抽屉满足储物需求，靠床位置则以吊柜设计削弱空间压迫感。图片提供 © 权释国际设计

422 * **隐藏在弧线下的功能。**巧妙运用弧形天花板营造向上延伸的视觉效果，窗边造型卧榻具有床头柜功能，可放置睡前读物、手机、闹钟等，下方亦有收纳功能。几何图形设计的书柜造型强烈，方便收纳各种尺寸的书籍或收藏品，整体空间运用图形意象，展现出活泼洋溢的青春色彩。

图片提供 © 品桢设计

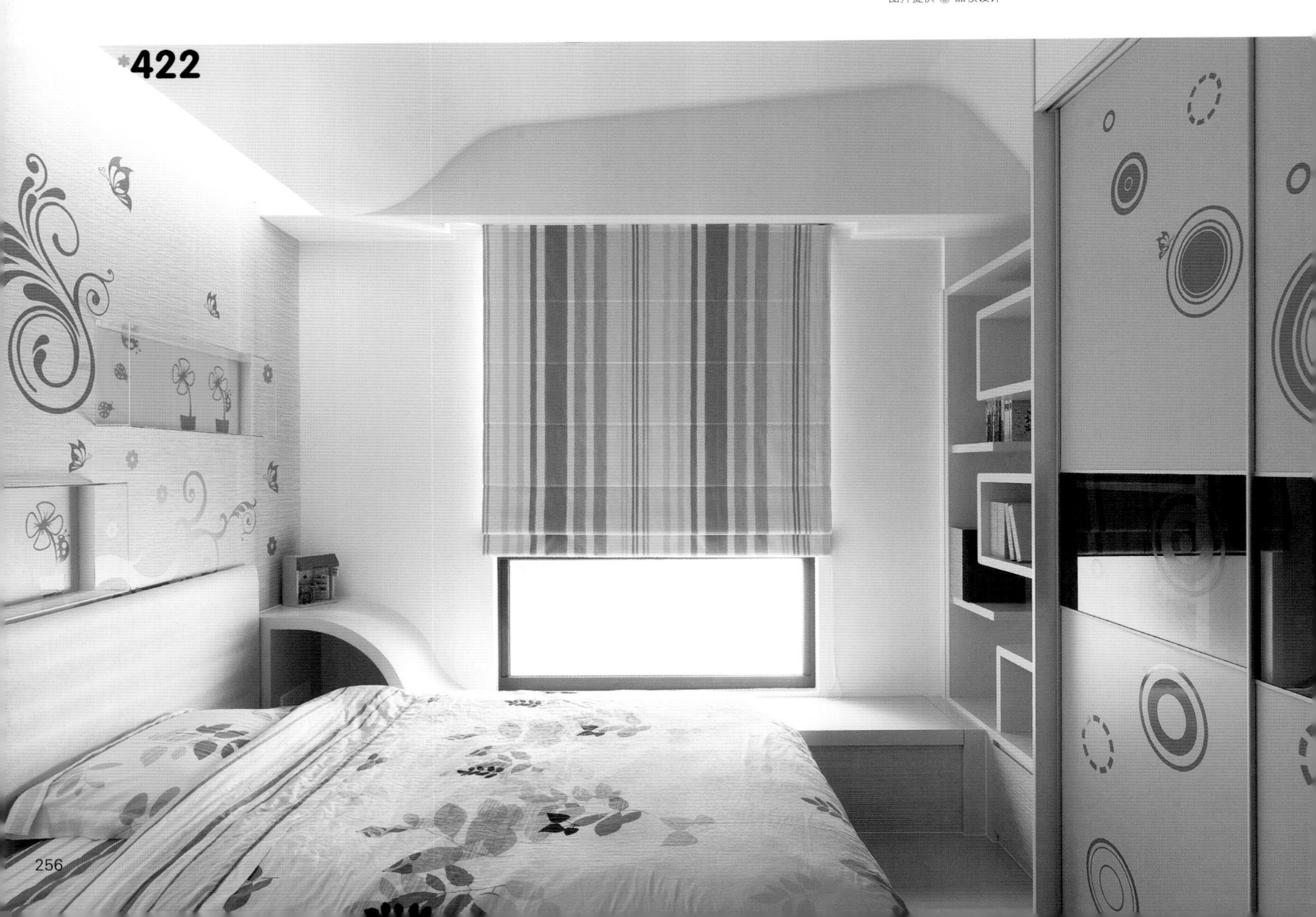

423＊**减轻压迫感的柜体**。男孩房的天花板因有巨大的横梁，为充分利用空间，避免压梁的风水问题，设计师充分利用梁后的空间，以开放式更衣室，满足空间功能，并且运用梁下空间设计收纳柜，并增设间接光源向上投射，减轻压迫感。图片提供 © 漫舞空间设计

424＊**改变空间表情的收纳技巧**。由于空间较小，因此以下掀式床具作为收纳，平时可收起，让位于窗下的阅读空间感觉更加宽阔，至于收纳则向上发展，并以开放式收纳避免产生过多封闭感，让狭小的空间更显开阔。图片提供 © 运长空间设计

425＊**三等分的书柜与衣柜设计**。这是一位小学生的房间。基于未来的成长需求，屋主要求不宜走太可爱路线而改以简约风格。预留约 3m 宽 60cm 深的以，对开门片所设计的收纳柜，三分之一是书柜，三分之二是衣柜，门片依照比例分配。依墙而立约 2m 宽的桌子，提供更舒适的书写空间。图片提供 © 德力设计

423

424

425

*426

427

426 * **最小空间变身秘密小屋。**由于男孩房空间不大，且左右都有大梁通过，设计师利用骨架外露的双斜面屋顶，巧妙修饰结构缺点，让空间有向上延伸的感觉。另外，以衣柜与书柜取代隔墙，节省墙面厚度，争取更舒适的空间感，也让每个角落都充分发挥收纳储物功能。空间设计 © 森林散步　摄影 © 方宏齐

427 * **超好用的开放式活动层板。**孩子所使用的物件尺寸与数量和成人截然不同，这些物件尺寸会随着孩子的成长而变化，因此对于收纳柜的设计重点，必须保留一些开放式活动收纳柜，方便孩子自行调整与收拾拿取物件。为更有效地使用每一寸空间，睡房与书房间的隔墙以双面柜取代。图片提供 © 德力设计

428 * **空间小收纳要朝边及下发展。**面积不到 $10m^2$ 的儿童房，设计师将柜子及床都倚着三面墙摆设，L 形的书桌搭配落地衣柜及单人床，让空间显得开阔。特别选择系统家具，以满足未来孩子长大后要调整空间格局，床特别选择有收纳功能的，以增加收纳空间。摄影 © 游宏祥

*429

429＊ **灵活运用梁柱下的空间。**因为梁柱而产生畸零空间，于是顺势与梁切齐，以顶天收纳柜结合书桌，打造一个功能齐全的阅读区域。另一边，则从梁柱延伸出梳妆台、床头柜以及床头板，三种功能整合于同一个立面，让空间毫不浪费。图片提供 © 馥宇空间设计

430＊ **打造复合式收纳功能。**弧形墙面延伸至天花板，修饰掉床上方的梁柱，设计师善用造型墙的厚度打造内凹收纳空间。沿窗设置可眺望风景的坐卧区，下方则规划成收纳区，至于墙面上的层板除了具收纳功能，内嵌在层板里的灯取代桌灯，让桌面更清爽便于使用。图片提供 © 优向室内装修设计

431＊ **利用鲜明色彩，让白色空间跳脱单调。**以鲜艳的橘红色，替一室皆白的房间注入活泼、青春气息。顶天收纳柜，分为三段不同的功能区，下段为床头板功能，中段内凹可放置闹钟、手表等随手物品，上段利用不规则的橘、白两色方格做变化，收纳柜同时也是凝聚视觉的主墙。图片提供 © 好室佳室内设计

430

*431

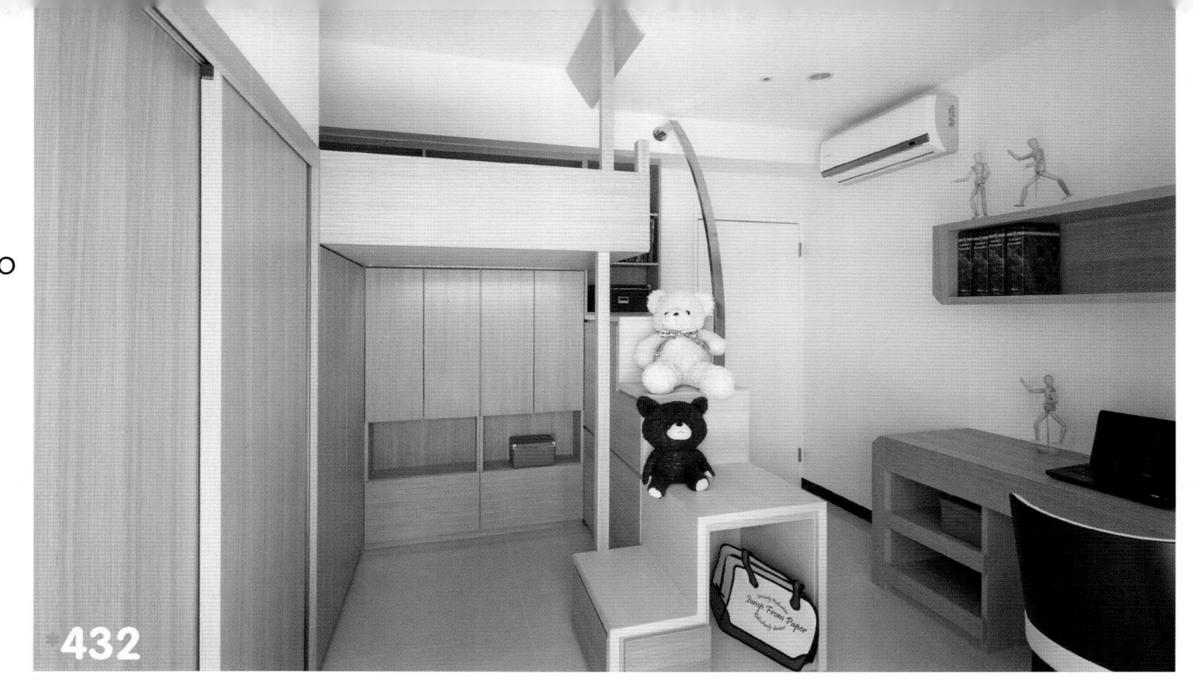

432 * **变化空间层次创造生活大无限。**使用了大量的木柜设计，让儿童房变化出多处的收纳空间，因为空间有限，设计师将床铺安置在上层，腾出书柜位置，让上铺也是一个阅读天地；并且在底下预留了充足的空间，让小空间也能拥有穿衣、收纳和阅读等多种功能。图片提供 © 达圆空间设计

433 * **可轻松取用的收纳设计。**两个小孩共享一个房间，东西也加倍，因此在收纳的设计上也应多做考虑。可大量储物的大型衣柜以滑门取代推门，不但可节省空间，同时也便于孩子们使用。墙上错落不一的吊柜增添了墙面些许变化感，更兼具收纳功能。图片提供 © 好室佳室内设计

434＊ **注重空间比例的收纳功能房。**因为空间较小，空间比例相对重要，一体成型的梧桐木收纳柜能达到延伸视线的效果，窗帘选用百叶帘，收纳柜设计适宜的比例让空间更显得灵活实用。图片提供 © 张馨设计

435* **一面墙，多用途**。为了让收纳柜符合多种需求用途，为节省空间设计的一体成型木作柜，依不同区域和造型，即划分成多种用途的收纳空间，确实达到不浪费空间的效果。图片提供 © 毅颖设计

436* **几何相接造型收纳柜**。柜体设计以简单的层板设计大小不同的隔断，让使用功能更具弹性，且巧妙地以滑动拉门遮掩收纳空间，可让室内更为整齐洁净，书桌前端墙面则增设了几何状展示架，交错的几何图形简单变化出空间活泼调性。图片提供 © 毅颖设计

437* **定制木作争取大量收纳**。善用柱体在床尾设计落地的衣柜，并用木手把降低碰撞危险。床侧以三段式五金加大抽屉的使用面积，下掀式床头则可以当棉被柜。书桌与床头柜以小圆柱支撑柜体。借定制木作发挥空间效率，并以粉红色营造甜美氛围。图片提供 © 采荷设计

*437

438 **架高床铺，扩增收纳空间**。空间较小，为了满足收纳功能，从梁下开始拉出高柜，下方柜体则可作为小型储藏室，收纳脚踏车、行李箱等物。中央留出光沟，间接增加照明。床铺则顺势架高，节省空间。图片提供 © 澄璞空间设计

439

438

440

439 * **段落式设计丰富收纳功能。**利用梁下空间设计床头收纳柜，除了落地镜柜、橡木纹顶柜与上掀式棉被柜外，白色假墙内也暗藏了板层，只要打开门片即可使用。书桌抽屉把手仿皮箱设计，使上浅下深的空间更加精致。图片提供 © 宽月设计

440 * **造型门片让收纳变有趣。**书桌左侧凹洞装设门片成收纳，近桌面处预留 15cm 高度，避免开阖时碰到桌面物品。8cm 厚的层架具支撑功能，两段式间接照明则提供充足的光线。山型橡木门片刻意用全透与半挖空手法做出落叶姿态，长短相嵌，使柜体更具变化感。图片提供 © 相即设计

441 * **框景床头实用又有型。**床头上方有根大梁，于是顺应结构深度拉出方框，再结合上掀式床头与侧边格柜增添实用性。中央以带有磁粉的青蓝色的烤漆玻璃创造明亮感，也让框景能随时变换出新鲜表情。落地柜门片留 2cm 勾缝充当把手，减少碰撞受伤的危险性。图片提供 © 相即设计

442 * **双面柜体节省空间。**儿童房与餐厅相连，为了有效地节省空间，两个区域以双面柜体区隔，下方给孩房使用，上方则当作餐厅。可在孩子房墙面规划自由开阖的餐厅展示柜，用来专门展示小孩和爸爸的玩具收藏。图片提供 © 绝享设计

443 * **不规则线条创造空间层次感。**由于空间较小，又加上有两位小孩居住，为了创造更大的收纳空间，除了一般的柜体设计外，上掀式的架高地板增加充足的收纳空间，并在地面嵌入照明，作为夜灯使用，不规则线条的设计丰富了空间层次。图片提供 © 绝享设计

444 * **柜体线条转折串联墙面。**收纳柜做出转折的变化，无门片的设计，流露出既是柜也是展示架的趣味。为了避开床边的压梁问题，利用梁下空间设计侧墙，边缘以弧线修饰，墙面内凹处做出深度较浅的收纳区。图片提供 © 澄璞空间设计

445 * **卧榻连接长书桌增添超级收纳。**这家的女儿很幸福有着超大的小孩房，考虑到孩子的安全问题，设计师还特别用壁布作为床头主墙，并沿着窗设计了超大书桌，并连接着卧榻，让小女孩平日可以坐在这里阅读，卧榻的下方则规划了收纳柜。摄影 © 张克智　空间设计 © 大进设计

446 * **量身打造满分功能。**卧房的设计完全采用量身打造的概念，结合书桌、收纳柜与床具的木作设计，将空间充分运用，解决了房间原本过小的问题。柜面以淡蓝色与白色交错处理，创造丰富的视觉效果。图片提供 © 澄璞空间设计

447 * **让孩子自己动手收纳的设计。**考虑到幼儿身高不足，设计师特别在衣柜底部与床底边规划了许多收纳抽屉，让小朋友能轻松拿取抽屉内的物品，帮助孩子从小就学习整理、收纳物品。特制的衣柜门片能当做相框，放入照片或奖状，让小孩能自由随心装饰自己的房间。图片提供 © 澄璞空间设计

448 * **加深柜体深度分区收纳。**位于夹层上方的睡眠区，由于深度够，再加上小朋友有收纳物品的需求。因此将衣柜深度做到近 100cm，衣服和物品前后置放，互不干扰。门片则请木工雕刻卡通人物的造型图案，与小朋友的收藏品相呼应。图片提供 © 绝享设计

448

449* **功能与美感兼具。**女孩房将床设置在靠窗处，并赋予床下收纳功能，收纳柜及衣柜结合了具有艺术装饰风格的造型门片，再辅以粉色系元素装点，成就了宁静甜美的气氛，让空间兼具功能与美感。图片提供 © 澄璞空间设计

450* **整合收纳功能。**设计师整合收纳于一区，从书桌延伸到床头形成一体的设计。床头柜涂以白色钢琴烤漆，以利清洁。开放兼隐蔽式的收纳柜体，让物品也能成为展示品。女孩房墙面以较为鲜明的紫色壁纸作为视觉焦点，丰富的色彩衬托出小女孩天真活泼的个性。图片提供 © 采坊室内设计

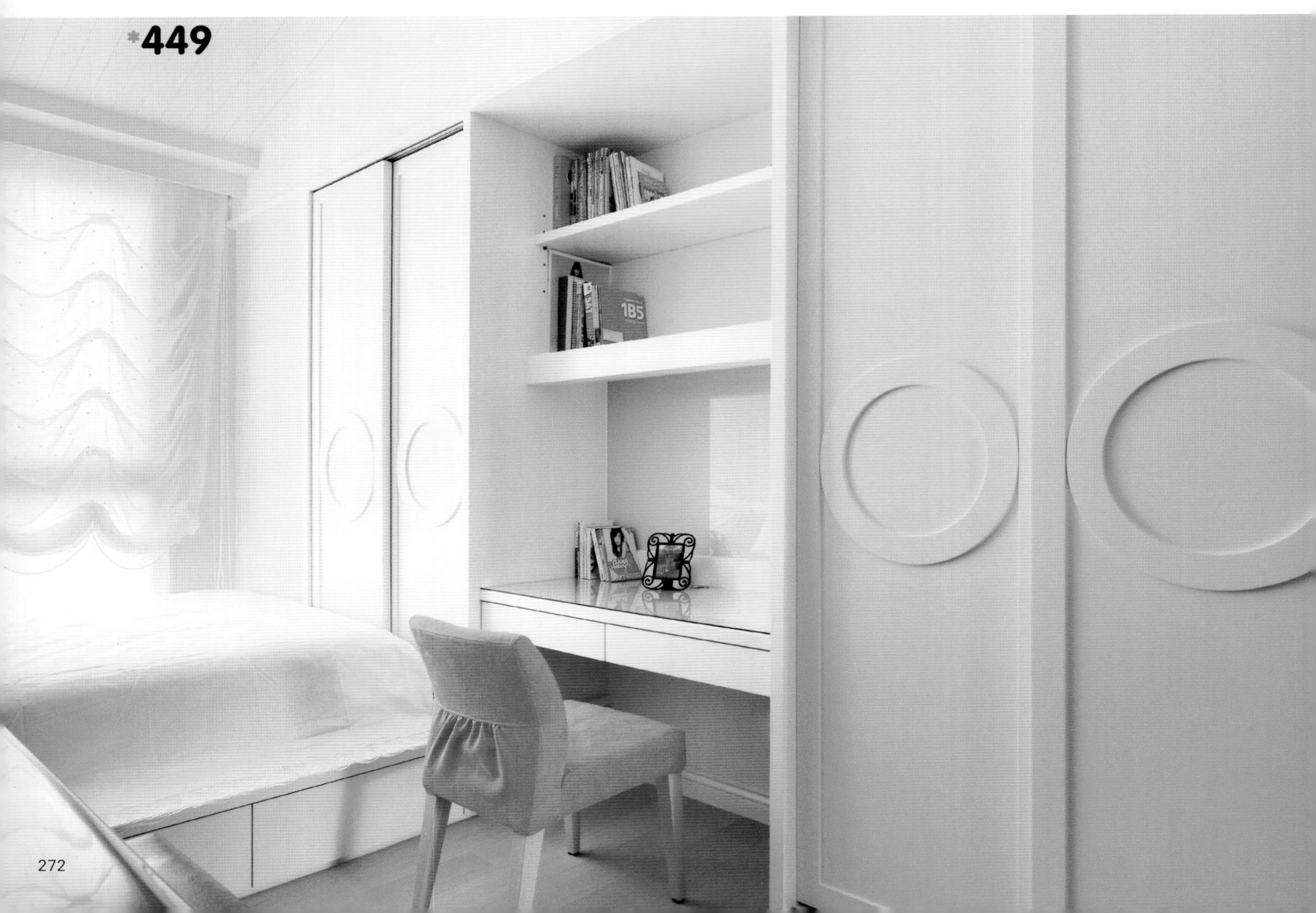

*450

451 * **简单安全的儿童收纳柜。**儿童房不需要太复杂的收纳方式，以一些色彩丰富、简易安全的儿童家具进行空间布置即可。尝试让小朋友选择一些自己喜欢的颜色或图案，不需要太高的成本，就可以让小朋友自行学习如何收纳。图片提供 © 山木生空间设计

452 * **明亮活泼的儿童房。**儿童房以系统柜和造型书架创造大量的收纳空间，右方的柜面立于梁下，借此拉平立面。书桌上方不规则的层架让收纳多了趣味性，并辅以橘色元素装点，营造活泼的空间氛围。图片提供 © 凯里斯图空间设计

453 * **收纳功能强的幼儿休憩区。**设计师选用活泼丰富的色系打造儿童房，并规划充足的收纳空间，让棉被、衣物、玩具、书籍都能妥善收纳，刻意架高的木地板，只需要铺上棉被即可作为睡眠区，平日将棉被收起，便可拥有宽敞的游戏空间。图片提供 © 欧肯系统家具

*452

*451

*453

454＊ **梁下结合柜体，拉平立面。**水蓝色简洁利落的男孩房，在床头设置柜体，大大增加了收纳空间，同时也具有修梁的效果。并辅以深色的木纹素材装饰床头，在全室皆白的空间中营造出沉稳的氛围。图片提供 © 澄璞空间设计

455＊ **利用床架增加收纳功能。**由于男孩房的空间略小，因此以白、蓝、灰的浅色系为主色调，有轻化与放大空间的效果。床头收纳与柜体结合，床铺下方更隐藏了大量的收纳空间，且不破坏原本的空间感。图片提供 © 帅斯家饰企业

456 * **线板与门把展现自然韵味。** 利用梁下的畸零空间，设计大型的收纳衣柜，为儿童房扩充足够的收纳空间。虽然衣柜是用系统柜规划，但借由增加框线的门板与带有复古风味的手把，让清新的自然风尽显无遗。图片提供 © 奕廷空间设计

457 * **运用巧思有效放大收纳功能。** 由于需在 $10m^2$ 的小空间容纳两人，并要有足够的收纳功能。因此通过交错的床位摆置，争取两张单人床的空间，并沿床铺设计相连的大型收纳衣柜，同时活用阶梯、壁面和床组的空间增设收纳。图片提供 © 采金房国际

457

458 **为收纳加分的壁贴及压克力展示架。**收纳所用的材质其实也可以玩出空间的趣味性及个性，以本案为例，设计师在床头背墙运用了活泼的壁贴与圆形压克力展示架，不但将小朋友天真可爱的性格尽显无遗，更提供了摆放玩具的空间。图片提供 © 品桢空间设计

459 **粉色活动式收纳柜增添可爱氛围。**有时柜子也不一定只有收纳功能，尤其是在儿童房，设计师以粉色为基调，地板铺上英文字母的软垫，方便小孩爬动玩耍，并在床尾设置了整面落地衣柜。除此之外，设计师还特别挑选了可爱的粉色斗柜，为小孩房增添可爱氛围。图片提供 © IS 国际设计

460 **小巧空间满足无限收纳。**空间面积较小，且无挑高，又须做出三房的格局。因此两个儿童房之间以双面柜区隔，再巧妙利用架高地板增设收纳空间，床铺架高置于书桌上方，一旁的书柜也作为梯子使用，刻意做出深度，让孩子有踩踏的空间。图片提供 © 绝享设计

459

458

460

461 * **架高地板可收纳又可作床架。**采光最好的地方，辅以系统柜设计成儿童房，局部将地板架高，只要铺上床垫，既可当做床架又可作为收纳空间，窗边还可以规划收纳柜，如此一来，不用担心随着孩子成长而变多的物件，没地方收。图片提供 © 奕廷空间设计

462 * **修梁的侧边收纳造型柜**。由于儿童房天花板有根大梁，窗边又有根柱，设计师选择用柜子来修饰梁及柱，让梁不会压到床，也让空间看不到柱，特别设计侧边收纳柜，方便孩子拿取物品，并选择温暖活泼色系的壁纸，来作为柜子的主色调。图片提供 © 大台北设计网 摄影 © 林福明

463 * **床下空间的巧妙利用**。比起其他空间，小孩更适合选择系统家具，也可以随着孩子的成长做变化。设计师在儿童房的收纳柜与床具的材质上选择木作与系统柜，床下空间配置抽屉，善用空间收纳之外也让功能更为丰富。图片提供 © 成舍设计

464 * **隐藏柜体提供完备收纳功能**。利用开放层架嵌入灯光，一方面补足空间光线，另一方面也加强柜体展示效果，空间下方和侧边规划整面的隐藏柜体，提供完备的收纳功能；但考虑楼梯结构的坚固性，就不再增设抽屉了。图片提供 © 橙白设计

465 * **利用夹层下方设计收纳**。若空间高度够，建议儿童房可规划夹层，将下方设计为收纳区，上方则为睡眠区，楼梯则采用大面积玻璃作为扶手，不仅降低空间压迫感，也达到功能性要求。图片提供 © 博森设计

463

464
465

466＊ **木作设计丰富收纳功能**。由于小朋友仍在求学阶段，较有藏书需求，因此在墙面通过木作，设计不同大小的格柜，提供不同书本与物件的摆设。书桌结合工作桌与上掀式设计，兼具化妆桌功能，增添使用的便利性。图片提供 © 成舍设计

467＊ **造型书架让收纳更具设计感**。书架及书柜是儿童房绝对必要的设计，为了让书架或书柜，兼具实用性与美感，设计师以斜线条打破制式垂直水平线条的书架造型，让书架也成为空间的焦点。图片提供 © EASY DECO 艺珂设计

＊466

467

468 * **多尺寸的层架书柜更好收。**书籍的大小不统一，尤其是小朋友的书，要如何满足各种不同尺寸书籍的收纳，同时让收纳更有效率呢？设计师选择两种不同尺寸的层板，满足不同尺寸书籍的收纳需求，同时也让收纳柜极具设计感。图片提供 © EASY DECO 艺珂设计

469 * **从地、壁到隔断的收纳。**年龄较小的小朋友若自己睡，常会让父母担心孩子会不会跌下床来。于是可以选择将地板垫高，只要摆上床垫，下面的空间，旁边的壁面一路连接到隔柜及天花板，都作为收纳柜。图片提供 © 奕廷空间设计

470 * **善用空间的窗边收纳柜。**要做好收纳一定要懂得善用空间，尤其是通常面积较小的儿童房，其实窗边常是设计收纳柜的好地方，尤其旁边又有突出的柱体时，连接柱体设计的收纳柜，不但可以增加收纳空间，还可以用来修饰柱体。图片提供 © EASY DECO 艺珂设计

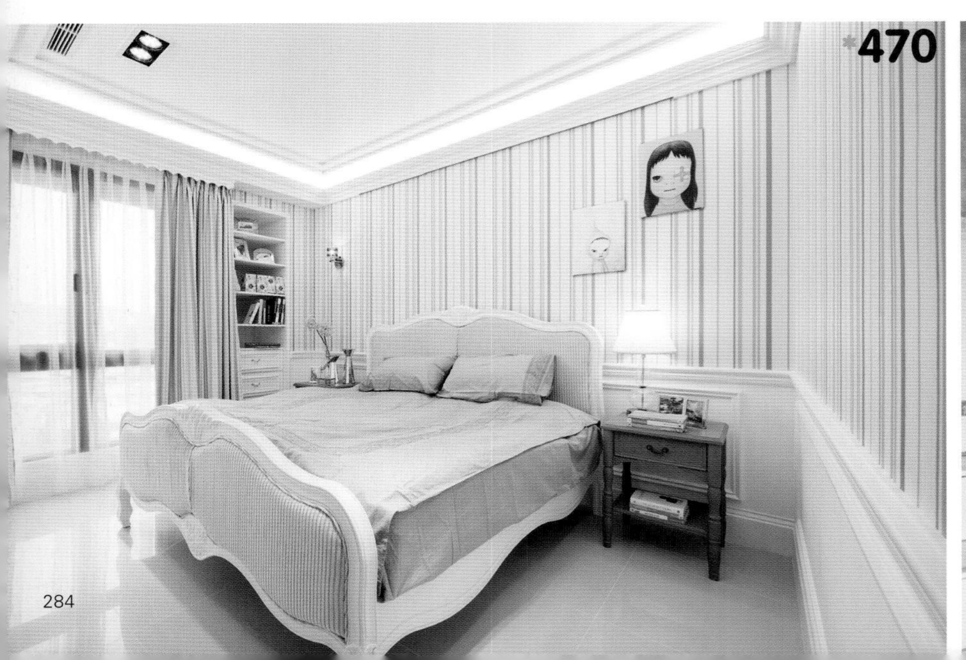

471 * **专属的秘密基地伴随快乐童年。**每个孩子都希望有个不被父母知道的秘密基地，特别在床下留了这空间，请木工帮孩子们量身打造他们的秘密空间，但为了安全起见，没有金属把手，以防止孩子受伤或发生意外。空间设计 © 元爵空间设计 摄影 © 蔡锡渊

472 * **小朋友浴室的专用收纳柜。**为女儿打造的浴室连洗手台都是小女生喜欢的爱心形，而小到连收纳柜的五金配件也全是凯蒂猫造型。图片提供 © 皇舍设计

473 * **倒L形书柜减轻量体沉重感。**女孩房墙面以温馨的深红色为主色调，搭配深色床架，展现沉稳气息。床架下方能置放杂物或大型棉被。低矮位置的收纳，刻意让小孩自己学习收拾物品。床头倒L形书柜留出下方的空间，减轻量体的沉重感。摄影 © Amily　空间设计 © IKEA

472

473

474 * **既是收纳又可展示的玩具收纳设计**。满足孩子需求的玩具收纳，必须兼具展示性。因此，每一层层架高度不一样，中间那层较宽，能够让孩子设计游戏场景，直接在上头玩游戏，上方与下方则以收纳、展示功能设计。空间设计 © 禾筑设计 摄影 © Sam+Yvonne

475 * **美耐板收纳耐用不怕脏**。小朋友爱玩也不太懂得珍惜物品，在材质选择上要考虑耐用因素，收纳建议使用耐磨、耐用、好整理的美耐板打造。图片提供 © 禾筑设计

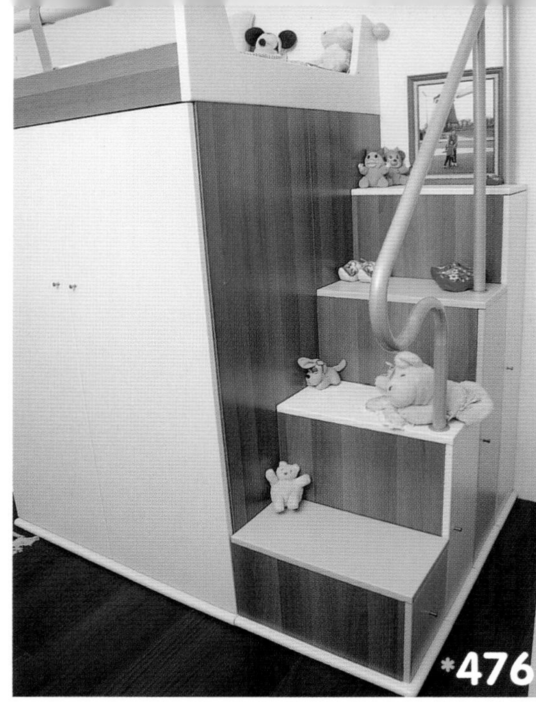

476＊ **空间小就要选上下床组。**面对面积较小的儿童房，很多家长会选择单人床让出更多的空间设置收纳柜，其实比起单人床，上下床组的儿童房更适合，上层可作为床使用，下层可规划为衣柜，而楼梯还可以加设收纳柜。摄影 © 李志刚　空间设计 © 演拓设计

477＊ **放低抽屉让小朋友学习收纳。**小朋友的视线范围偏下半部，尤其是年龄较小的孩子，所以建议在收纳柜体的下方最好设计抽屉，以方便他们拿取物品，从小养成收纳好习惯。图片提供 © 权释国际设计

*478

*479

*480

478 * **儿童房门片与橱柜把手需耐用。**避免锐角设计，特别是把手也应该注意，另外还得考虑到儿童使用把手频率与方式，建议以耐用为主。小朋友的视线范围偏下半部，所以建议在下方的收纳柜体以开放式的为宜，以方便他们拿取物品。图片提供 © 权释国际设计

479 * **鼓励与家人分享兴趣及收藏品。**玩具都要全部收在柜子里吗？妈妈害怕小孩的玩具把家里弄乱？也许可以试着用另一种方式看待，如何利用玩具与学校作品布置自己的房间，借由布置过程增加亲子间的互动。摄影 © 许时嘉

480 * **小壁贴创造大不同。**适合中学生与高中生的男孩房，宽敞的卧房空间结合了书桌与书籍收纳，大片镜子放大空间感。窗台的阳光充足，能让人心情愉悦。为了呈现多一点的年轻气息，设计师运用街灯壁贴图案，营造出卧房空间的青春气息，同时营造多一点的创意氛围。图片提供 © 尚展空间设计

481 * **减少固定柜子的收纳。**小孩子成长过程变化很大，加上有时也可能遇到换屋的问题，儿童房的收纳设计最好不要做固定的，尤其是孩子还小，装修预算又有限时，更不能设计固定柜，建议摆上可移动的柜子或拉篮，把预算花在其他空间的装修上。图片提供 © IKEA

482 + 483＊ **粉色系的女孩房收纳**。女孩房的书柜和书桌都使用粉红色的系统板材打造，可放置电脑的书桌，以及依照收纳物品大小规划的书柜和展示柜，还有烤漆玻璃搭配粉色系板材的衣柜，收纳空间都非常充足，设计师还特别在门片贴上壁贴更显现出女儿房的浪漫与柔美，至于烤漆门片则可以作为涂鸦墙。图片提供 © 漫舞空间设计

484＊ **大量收纳空间需求**。同样是空间不大的儿童房，墙面那侧做满了实际收纳使用的柜子，以木皮与白色门片为基调，加上海岛型木地板，让空间不会显得过于呆板。让床靠窗户边摆放，让一进门的空间更显宽敞，这是适合中学与高中小孩的空间规划。图片提供 © 禾筑设计

485＊ **利用梁下空间做展示柜**。为了满足小孩的喜好，采购床铺连同背柜一体的床组，刚好遮住原本一小区块的壁面，留下窗户部分增加采光量，床具背面的玻璃与开放式柜体，可让小朋友摆放自己的玩具，随心所欲地整理自己的玩具及玩偶，而墙壁部分以浅绿色花纹壁纸铺陈，增添壁面的多样性。图片提供 © 权释国际设计

＊482

＊483

*484

485

486 属于小女儿的卡通卧房。女儿还小，卧房是准备让她休息与玩耍的空间，考虑到不能花太多钱装修，建议花点心思找寻小孩喜欢的活动式家具，只需要床铺、收纳柜、书架与卡通软垫，便能营造出温馨又充满卡通乐趣的童话卧房。图片提供 © 权释国际设计

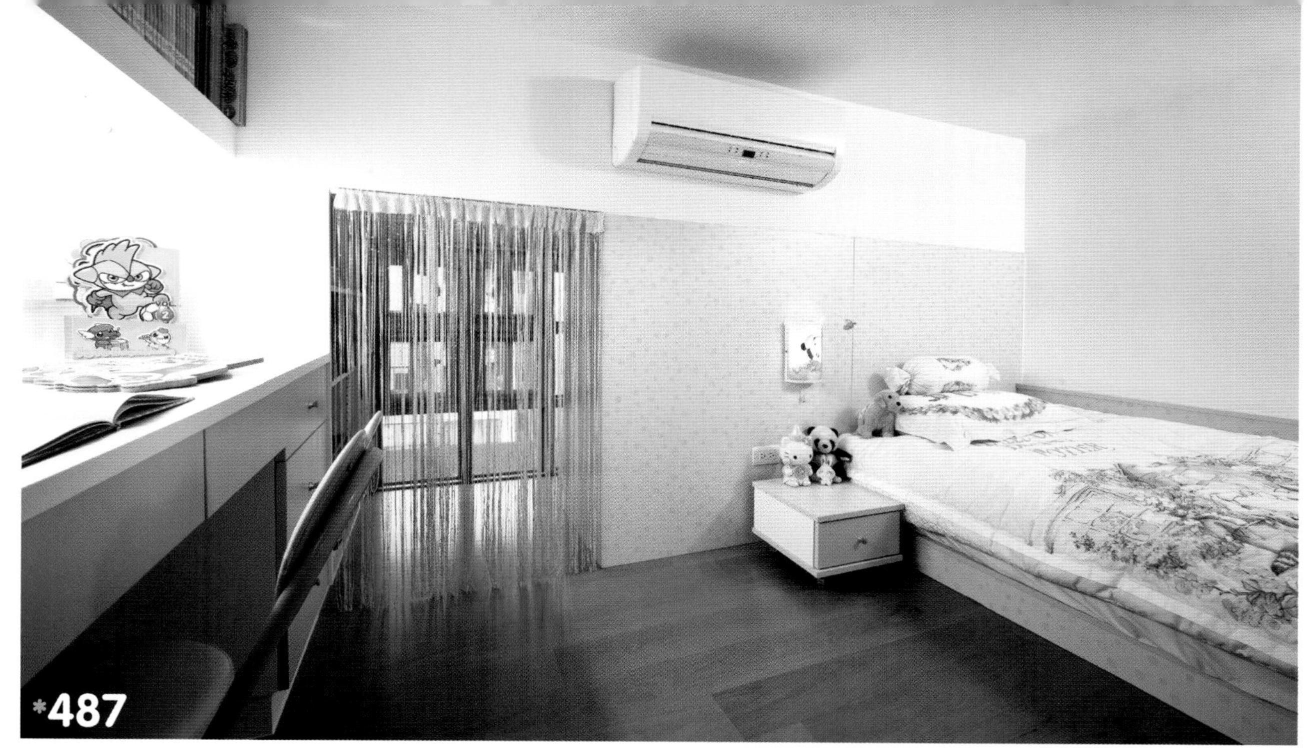

*487

*488

487 * **床头的贴心收纳**。很多人在设计大人的房间时都会考虑到床头柜，它可以放置睡前看的书或是半夜要喝的水或保养品，却很少想到小朋友也同时有这样的需求，所以设计师特别在床头设计了小小床头柜，并装上壁灯，让爱阅读的小女孩也可以在睡前看会自己喜爱的书。图片提供 © 漫舞空间设计

488 * **木作床铺下方可规划收纳**。床铺下方的空间别浪费，设计师规划木作时一并将抽屉整合，让床铺下方的空间也能收纳寝具等大型物件。图片提供 © 城市设计

489

489 * **简约清爽的造型规划**。受限于空间不大，于是利用简单的白色作为空间主色调，加入小朋友喜欢的绿色和造型壁贴，避免繁杂线条让空间显得狭隘，同时在床尾预先规划好完整的收纳空间考虑到走道宽度有限，利用拉门替代开门，更符合实际使用条件。图片提供 © 橙白设计

490 * **让收纳兼具护栏效果**。利用长度高达 1m 的单品书桌，在兼顾收纳功能的同时，也达到类似床边护栏的效果，确保小朋友睡眠的安全；而书桌上方的开放式层架，单边挡板的设计更方便日常收纳使用，简约造型是在层板厚度上做变化，增添其活泼元素。图片提供 © 橙白设计

491 * **儿童房空间避免使用五金**。金属配件容易让空间显得冰冷，除非是年龄较大或者有特殊喜好的小孩，设计师建议衣柜门的把手，避免使用五金。图片提供 © 大器联合建筑暨室内设计事务所

492 + 493* **架高地板让收纳更充足。**将儿童房的地板架高，底下用以收纳家中大量杂物，同时由于目前小朋友仍与父母睡，尚无实际儿童房的需求，利用地面高低差，将空间切割成前后两个区块，分别作为一家人的小型视听室和阅读游戏区，再利用轨道设计双层书柜，收纳一家人的各类书籍。图片提供 © 大卫麦可设计

494* **沿用旧收纳箱让空间更具故事性。**夹层上下分别作为书籍和衣服、杂物的摆放位置，并以楼梯替代常见的爬梯，楼梯下方增设的收纳位置，既减少空间浪费，也更方便使用；此外，衣柜下方特别依照小朋友最爱的那只收纳箱大小，留下的内凹空间，相较整面衣柜设计，不仅画面更加丰富，也更具故事性。图片提供 © 橙白设计

495 * **百分百利用空间的男孩房。**由于单层空间并不大，为了不浪费任何空间，设计师利用挑高的优势，以木作方式量身定做床架，下方作为书桌与收纳区，上面则是睡眠区；阶梯兼具收纳功能，双层活动式拉柜可灵活运用，前面是书柜，后方加上大镜面，还可当成穿衣镜使用。图片提供 © 艺念集私设计

496 * **收纳兼具娱乐功能。**在儿童房规划一处夹层空间，让小朋友在正规房间之外仍有个人的小小领域，同时面对女孩房大量的衣物，在夹层下方规划一整排衣柜，旁侧烤漆玻璃则让小朋友可以尽情在上方涂鸦，提供完备收纳功能的同时，也加入娱乐元素。图片提供 © 大卫麦可设计

*497

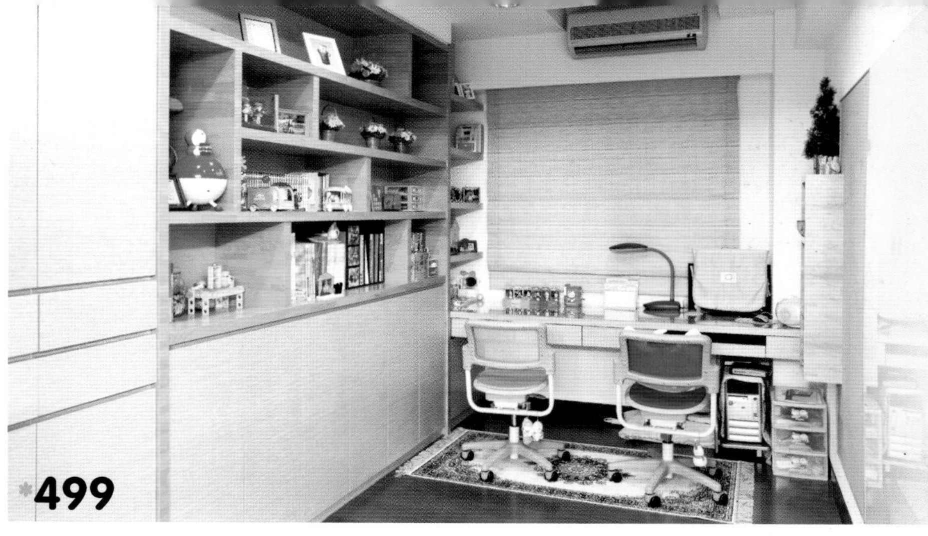

497 * **功能齐全的缤纷儿童房**。运用粉色、紫色装饰空间，以及可爱的书桌、挂衣架与小台灯作为布置。量身定制的衣柜，下方可放置折叠好的衣服，中间则可吊挂衣服，上方则留给大型寝具等物件，特别在柜边设计可拉出来的全身穿衣镜。图片提供 © 春雨设计

498 * **一箱一箱最好收**。游戏室里的玩具收纳，通常是妈妈们最大的烦恼！提供一篮一篮可提、可收的箱子，让小孩自己拉得动，玩完游戏后爸妈可以跟孩子一起收拾玩具，让孩子们养成分类与收纳的习惯，开放式的箱子更方便孩子收纳，家长最后再把箱子收进抽屉里。摄影 © SAM　场地提供 © 童年空间

499 * **依年龄设计收纳空间**。儿童房与收纳设计区分为 0 岁到小学 2 年级，3 年级到中学，与高中以上三个阶段。小学 2 年级前，多数孩子与父母睡，故仅做衣柜方便储藏；2 年级之后开始能够独立睡觉，儿童房的收纳柜建议做足。空间设计 © 春雨设计　摄影 © Sam

500 * **小空间大利用**。床头以壁纸加上蓝色展示柜与小夜灯做装饰，双层柜体前面收纳书籍，后面收纳衣服，阶梯结合抽屉功能增加收纳空间。图片提供 © 艺念集私设计

台湾设计师不传的**私房秘技**

亲子儿童房设计500

著作权合同登记号：图字 13-2014-069
本书经台湾城邦文化事业股份有限公司麦浩斯出版事业部授权出版。

图书在版编目（CIP）数据

亲子儿童房设计500/麦浩斯《漂亮家居》编辑部编．—福州：福建科学技术出版社，2014.6
ISBN 978-7-5335-4539-0

Ⅰ．①亲…　Ⅱ．①麦…　Ⅲ．①儿童－卧室－室内装饰设计－图集　Ⅳ．①TU241-64

中国版本图书馆CIP数据核字（2014）第052188号

书　　名	亲子儿童房设计500
编　　者	麦浩斯《漂亮家居》编辑部
出版发行	海峡出版发行集团 福建科学技术出版社
社　　址	福州市东水路76号（邮编350001）
网　　址	www.fjstp.com
经　　销	福建新华发行（集团）有限责任公司
印　　刷	福州德安彩色印刷有限公司
开　　本	889毫米×1194毫米　1/24
印　　张	12.5
图　　文	300码
版　　次	2014年6月第1版
印　　次	2014年6月第1次印刷
书　　号	ISBN 978-7-5335-4539-0
定　　价	59.80元

书中如有印装质量问题，可直接向本社调换